你只需努力，剩下的交给时光

陶然◎著

当代中国出版社
Contemporary China Publishing House

2019年·北京

图书在版编目(CIP)数据

你只需努力，剩下的交给时光 / 陶然著 . -- 北京：
当代中国出版社，2019.11
ISBN 978-7-5154-0973-3

Ⅰ.①你⋯　Ⅱ.①陶⋯　Ⅲ.①成功心理—通俗读物
Ⅳ.① B848.4-49

中国版本图书馆 CIP 数据核字（2019）第 187598 号

出 版 人　曹宏举
责任编辑　陈　莎
策划支持　华夏智库·张　杰
责任校对　康　莹
出版统筹　周海霞
封面设计　尚世视觉
出版发行　当代中国出版社
地　　址　北京市地安门西大街旌勇里 8 号
网　　址　http://www.ddzg.net　邮箱：ddzgcbs@sina.com
邮政编码　100009
编 辑 部　（010）66572264　66572154　66572132　66572180
市 场 部　（010）66572281　66572161　66572157　83221785
印　　刷　三河市长城印刷有限公司
开　　本　710 毫米 ×1000 毫米　1/16
印　　张　15.5 印张　240 千字
版　　次　2019 年 11 月第 1 版
印　　次　2019 年 11 月第 1 次印刷
定　　价　48.00 元

前　言

　　在一天又一天忙碌的生活中，你可曾想过自己的未来会是什么样的？又可曾想过，自己如此辛苦努力，为的是什么？面对瞬息万变的生活，你希望自己的人生呈现怎样的状态呢？面对纷繁复杂的世界，又要如何与时俱进、随机应变，才能距离自己想要的生活越来越近呢？如果你对于这一切问题都没有明确的答案，那么你一定会感到非常困惑，也会感到内心焦虑不安。这是因为，你的人生迄今为止还没有明确的目标和方向，所以你才会懵懂，也才会在人生之中茫然不知所措。

　　人一定要努力，尤其是现代社会的年轻人，如果不努力、不奋斗，还要青春做什么？不要抱怨你没有马云当爸爸，也不要抱怨你错过了像比尔·盖茨那样辍学开办公司的好时机，其实机会一直存在，就看你能否有双火眼金睛发现机会，能否毫不迟疑抓住机会，能否当机立断创造机会。只有有准备的人才能得到机会的青睐。所谓有准备，就是随时随地保持进步的姿态，就是每时每刻都调整到最佳的状态，这样才能抓住转瞬即逝的机会，也才能在成长的道路上获得长足的进步和发展。

　　古今中外，每一个获得成功的人，未必都有天赋，也未必能得到命运的特殊照顾，甚至没有"得道多助"的好人缘，但是他们一定有一个共同点，那

就是他们都非常努力，坚持拼搏，绝不放弃。正如鲁迅先生所说的，"这个世界上哪里有天才，我只是把别人喝咖啡的时间用于写作而已"。的确，如果别人在自习室里刻苦读书的时候，你却在宿舍里抱着笔记本电脑"吃鸡"；如果别人为了考取英语八级证书在起早贪黑地阅读英语原版小说的时候，你却在逍遥自在地睡觉，那么等到大四那一年看着别人轻轻松松就在外企找到了一份高薪工作的时候，千万不要忌妒别人，也不要抱怨命运，因为这一切都是你自己一手造成的。

这个世界上从未有一蹴而就的成功，更没有天上掉馅饼的好事。任何时候，你都要非常努力，才能激发出自己的潜能，才能抓住各种机会创造生命的奇迹。如果你从来没有这么去做，就不要抱怨，因为每个人的命运都掌握在自己的手中，而你所拥有和承受的一切，都是理所当然的。

只有梦想是远远不够的，最重要的是努力，全力以赴地奋斗，才能充实地度过青春的好时光。正如很多年轻人所说的，青春是资本，但青春不是拿来肆意挥霍和浪费的资本，也不是用来纵情狂欢的资本。真正有梦想、有追求的年轻人，会珍惜青春的每一分钟，全力以赴地努力，决不畏缩，坚持不懈，咬紧牙关奋斗，相信自己终究会得到命运慷慨的馈赠！

也许有些年轻人担心：我努力付出了也未必能够得到回报。的确，这样的担忧是完全有可能成为现实的。很多时候，即使努力付出了，也未必会得到所期望的回报，但是如果不努力付出，就绝对不可能得到任何回报，因为天下没有免费的午餐，也没有天上掉馅饼的好事。既然浑浑噩噩是一天，精神抖擞、全力拼搏也是一天，那么要想拥有充实精彩的人生，到底应该如何度过人生的每一天？充满智慧的你，有理想、有抱负的你，一定知道，也一定会做出正确明智的选择！古人云："宝剑锋从磨砺出，梅花香自苦寒来。"记住，你的人生你做主，你的未来完全掌握在你自己的手中！从现在开始，抓住当下，过好生命的每一天，以努力拼搏的姿态迎接未来！

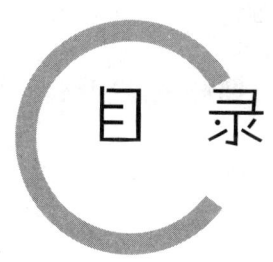

目 录

目录

第一章 趁还输得起，努力拼搏才能绽放生命的光彩

人生是一场没有归途的旅行，也是一场永不落幕的演出，直到生命终结的那一刻，在生命过程中扮演的角色才会彻底谢幕，而在此之前，人人都在扮演着人生之中的多重角色。要想活出属于自己的充实和精彩，就要趁着年轻努力拼搏，否则等到光阴流逝、岁月不再，即使有远大的理想，也没有机会再去实现。

有些生活，我们从来不曾选择

每个人都有属于自己的生活，每个人对人生也有不同的憧憬。人生不是一直都顺心如意的，有的时候我们想要的生活偏偏离得很远，有的时候我们厌恶或者抗拒的生活，却总是不期而至。所以，面对生活，采取怎样的态度就显得至关重要，既然生活不能让我们顺遂如意，那么我们就要怀着愉悦的心情去接受生活。如果不能改变世界，那就接受世界，这样才能收获更多的快乐。如果我们并没有从一开始就奔向自己想要的生活，更不曾默默坚持和不计后果地追求，就不要抱怨自己不曾拥有理想的生活。

现实生活中，总有人抱怨人生不如意，而羡慕别人的光鲜亮丽、光环加身。世界上，每个人的命运都掌握在自己的手中，一个人要想成为自己人生的主宰者，就一定要明智抉择、勇往直前。遗憾的是，大多数人在命运的波折面前总是轻而易举地选择放弃，从来不主动地对命运出击。在这种情况下，他们只能在命运里颠簸，也只能在接受命运安排的过程中随波逐流。

喜欢文学的人会发现，每个人写出来的文字都是不同的，有的人文字非常细腻，有的人文字很粗犷；有的人文字对酒当歌，有的人文字小桥流水、潺潺淙淙。其实，从文字上面也可以窥斑见豹，得知一个人对人生的态度。不管人生是苦涩还是甜蜜，每个人都是人生中的一个旅客，都不知道人生的终点到底在哪里。每个人对于人生的感受都是从主观角度出发的，对于某一件事情到底是放下还是执着地坚持，也都是可以自主选择的。从心理学的角度来说，心理上的疾病比身体上的疾病更可怕。因为心理上的疾病会控制和左右人的意志，会让人感到生活非常艰难，甚至对生活失去信心。

在感叹命运无常的同时，人们也难免自怜自艾，这是因为他们总是对自己有着太低的评估。实际上每个人都是一座宝藏，潜藏着无限的能量。只要能够真正地激发出自身的潜能，只要相信自己能够创造奇迹，就一定会有让命运对你刮目相看的惊喜表现。

要想成为生活的强者，就不要再抱怨自己，更不要抱怨外部的世界。只有勇敢地打破自身的局限，为自己设定更远大的目标，才能够激发出生命的潜能，也才能够突破和成就自我。古今中外，很多人之所以有伟大的成就，并不是因为他们有着独特的天赋，我们如果只是羡慕他人，那就永远也无法获得自己想要的生活，更无法达到人生的巅峰。

在中国历史上，越王勾践被吴王打败之后，原本可以舍生取义，但是在大臣的劝说下，他最终决定包羞忍耻，在吴国度过了数年的俘虏生活。在吴国当俘虏期间，勾践一直战战兢兢地生活，为了表现出降服的姿态，取得吴王的信任，他不但给吴王牵马，还主动提出为去世的老吴王看守坟墓，也让自己的妻子给吴王当奴仆。他的内心备受煎熬，但是他没有选择以死来结束这一切，而是始终怀着伟大的理想。直到若干年后，他终于能够回到越国，从此之后他发奋图强，布衣农耕，振兴国力，让国家越来越繁荣昌盛。后来，勾践等到了合适的时机，带领全体将士打败了吴国，为自己洗刷了耻辱。

每一个人，不要把吃苦作为目的，而是要在吃苦的过程中让自己变得更加强大起来。常言道："三百六十行，行行出状元。"对于人生而言，同样如此。人生的道路有千万条，在西方国家也流传着"条条大路通罗马"的谚语，所以当生活遭遇坎坷挫折的时候，一定要不忘初心，只有努力战胜困难，最终才能实现远大目标。

不要抱怨自己未曾拥有理想的生活，这是因为你在选择道路的时候就放弃了理想的人生道路。要想成就自己，要想有充实的人生，就一定要让自己更加努力勤奋，拼搏向上。唯有在选择的时候坚定不移，在执行的过程中勇往直前，才能够最终实现人生的伟大目标。记住，命运不会青睐那些随便就放弃的人，而是会青睐那些在人生旅途中始终坚持不放弃的人。只要你足够努力，你的人生就会绚烂绽放。

换一个角度，你会看到不同的风景

古诗云："横看成岭侧成峰，远近高低各不同。"在看同一处风景的时候，如果换一个角度，就会有不同的收获。在人生的道路上遭遇各种坎坷挫折的时候，我们同样要学会调整角度，才能在逆境之中找寻到更好的切入契机，最终解决问题。

探寻真相何尝不像登山？很多人在登山的过程中半途而废，是因为他们只看到登山的辛苦和危险，而忽略了登山过程中欣赏到的美景，更没有亲身体验到"一览众山小"的豪放。有些人为了征服一座高山，甚至不惜挑战生命的极限，付出生命的代价。不得不说他们内心是充满热情的，他们是真正的人生强者，所以才能够放弃安逸的生活，努力地勇攀高峰。世界上的最高峰是珠穆朗玛峰，每年都有很多人为了攀登珠穆朗玛峰而付出生命的代价，这是因为他们想要证明自己的能力，也想要从不同的角度看待这个世界。

很多时候，人们对于人生的看法并不取决于外部世界，而取决于自己的内心。如果一个人的心中充满了希望，哪怕身处逆境，也能够扬起信心的风帆；反之，如果一个人的内心充满了绝望，那么即使在顺遂的人生境遇中，也总是看到黑暗的一面。虽然我们无法改变外部的环境，也无法改变身边的人与事，但是我们可以改变自己的心态，这样一来，我们就可以保持住自己的心，让自己在面对艰难坎坷的时候依然勇往直前。心若改变，世界也随之改变；心

若改变，人生也随之改变。

常言道："困难像弹簧，你强它就弱，你弱它就强。"这是因为困难的强度是相对而言的。举个最简单的例子，如果把一粒黑芝麻放在一粒大米旁边做比较，那么我们会觉得这粒黑芝麻还是比较大的。但是如果把一粒黑芝麻放在一个盘子里进行比较，会觉得黑芝麻变小了。如果把一粒黑芝麻放在一个房间里进行比较，我们根本看不见黑芝麻在哪里。由此可见，每个人的心都是看待世界的背景，一定要把心放大，这样我们才能够把那些艰难坎坷缩小。虽然艰难坎坷在本质上并没有缩小，但是因为我们内心对它们的感受有了改变，所以我们战胜困难的决心和勇气也变得更强大起来。古时候，亚历山大大帝面对一个自古以来无人能解开的绳结，突然拔出剑来将其砍断，从而破解了千古谜题。这就是思维的强大力量，也是换一个角度看待和解决问题的神奇魔力。

现实生活中，有很多人之所以总是与失败结缘，就是因为他们在面对失败的时候，常常陷入沮丧绝望之中无法自拔。而有些人之所以能够常常获得成功，是因为他们在与命运博弈的过程中始终坚持不懈，决不放弃。任何时候，命运都把握在我们自己手里，而且命运对每个人都是公平的，在为一个人关上一扇门的同时，也会为这个人打开一扇窗。所以不要抱怨命运，因为命运从来不是上天不可抗拒的安排，我们可以通过调整心态的方式来选择更好的生活。

对于人生，每个人的理想都是不同的，有的人喜欢过岁月静好的生活，宅在家里享受安逸和舒适；有的人却始终在旅行的途中，甚至放下工作、放弃正常的生活，选择走遍全世界。我们无权评价哪种生活更好，因为对每个人而言，只有适合自己的生活才是最好的。

总而言之，如何看待事物并不取决于事物本身，而取决于我们的心态。当心态改变，我们就会采取不同的角度来看待同一件事情，说不定还会有"柳暗花明又一村"的惊喜呢！

生活中有些苦只是虚张声势而已

在生命的长河中，有无数的石头，有些是鹅卵石，因为受到水流日久天长的冲刷，变得越来越圆润光滑；有些石块似乎因为水流对它们很温柔，所以还是棱角分明。对于每个人而言，是成为圆滑的鹅卵石，还是成为有棱角的石块，有一部分原因取决于自己，也有一部分原因取决于时间和经历。

每年有春夏秋冬的轮回，每天有日月星辰的轮番上演，然而当我们打开历史的扉页，赫然发现那些功成名就的伟人形象跃然纸上，在记载他们人生履历的文字中，他们又重新鲜活起来。他们的生命之所以伟大，为人所铭记，不是因为他们的人生多么平顺，而是因为他们曾经在生命的旅途中饱经坎坷和磨难。究其本质，是他们战胜了命运中的"真老虎"——那些看起来吓人实际上也真的很吓人的苦难。苦难是人生的试金石，他们经过苦难的磨砺，练就了点石成金的本事，所以才会有后来的伟大成就。

很多细心的朋友也会发现，时间的确是良药，能够治愈一切伤痛；时间也的确具有神奇的魔力，能够化腐朽为神奇。在感受历史伟人的余温时，我们是否也应该向他们学习，迎难而上，勇敢无畏？尤其是在时间的沉淀中，原本让人无法忍受和接纳的一切，都成就了美好的回忆，也增加了人生的分量。当我们咬紧牙关走过所有的艰难坎坷，才会猛然发现，那些斑驳的过往是"纸老虎"，也是增加人生分量的秤砣。

　　心理学家研究发现，除了那些出类拔萃和能力特别欠缺的少数人之外，大多数人的先天条件其实相差无几，可还是有那么多人拥有截然不同的命运。成功者之所以成功，并不是因为人生顺遂，更没有得到命运的青睐，而是因为他们能够战胜命运的"真老虎"，所以才能拥有与众不同的人生。而失败者之所以总是与失败纠缠，是因为他们一下子就被失败打倒，一蹶不振，颓废沮丧。由此可见，尽管这是一个唯物主义的世界，实际上心态还是能够在一定程度上决定人生的状态。成为真正的人生强者，把曾经经历的人生磨难都变成人生的动力源泉，才能在人生的道路上一往无前，效率倍增，勇气爆棚。

　　小秋是一个极其没有安全感的孩子，她虽然父母双全，但是母亲是个大字不识的农民，父亲虽然有文化，是村子里的赤脚医生，却因为长期酗酒导致精神失常，总是一喝醉酒就打骂小秋和妈妈。从小，小秋就因为家境而自卑，极度郁闷的时候，她甚至想到了死。

　　爸爸妈妈从来不知道，他们带给了小秋这么深的伤害，更不知道曾经年幼的小秋宁愿死去也不想再面对这样死气沉沉的家。直到后来，小秋考上大学离开家，从此之后独自生活。一个人在大城市闯荡也很辛苦，小秋因为从小就缺乏自信，常常感到自卑，在工作中也总是无法发挥自己的所有能量。尤其是在犯了小小的错误之后，她就很自责，没有自信能改正错误。有一次，小秋在工作上出现严重失误，为此想要引咎辞职，上司对她说："公司都不害怕给你交学费，难道你还不能当个好学生吗？你只要自信，一定会有更好的发展。"上司的话让小秋深有感触。此后的日子里，她发愤图强，不管做什么事情都有着勇往直前的勇气。最终，她战胜了自己内心的胆怯，变得更加强大，事业上也有所成就。在大城市站稳脚跟的小秋，虽然不愿意和父母生活，却常常给父母钱，让父母改善生活。而小秋也拥有了幸福的家庭，日子过得越来越快乐。

学会遗忘，大概是人生必须具备的本领之一，否则一个人总是活在过去痛苦的记忆中，就始终无法忘怀，也会被可怕的经历囚禁。事例中的小秋是不幸的，她的前半生因为爸爸酗酒而坍塌；小秋也是幸运的，父母还是坚持供养她读书，让她有机会逃离那个给她带来梦魇的家。最终，小秋找到了一生的幸福，也找到了安全感，这样她才能踏踏实实面对未来的人生。

作为大名鼎鼎的剧作家，萧伯纳对于人生有着与众不同的理解和感悟。他告诉人们，一个人如果害怕危险，就始终觉得这个世界充满了危险。因而，我们要主动、自发地从危险的局面中走出来，才能让自己不再是套中人，也才能让自己从苦难与失败中汲取经验和勇气，在人生路上更加执着坚定。

当你成为强者，一切的苦难和磨砺在你面前都会变成"纸老虎"，也会为你提供成就自己的契机。当时光流逝，苦难不再重现，你的人生依然会不断向前，偶尔想起曾经的痛苦经历，你只会感到庆幸，因为正是那些磨难成就了今日的你。

每一个曾经被痛苦和磨难牵绊的人，都要打开心扉，努力地以积极的心态面对人生，以坚韧不拔的精神铸就人生。从心理学的角度而言，很多人都无形中因为恐惧而放大了磨难，如果能够怀着平静的心态面对这一切，结果会更好。还有一些人会刻意逃避磨难，却不知逃避不是解决问题的办法，只有勇敢面对，彻底解决问题，才是真正的应对之道。

我和别人不同，我敢想敢干

人是群居动物，每个人都要生活在群体之中，都想要融入身边人的圈子。在现代社会中，特立独行的人越来越少，能够离群索居、自给自足的人几乎没有，大多数人都会主动打磨自己的棱角，让自己融入人群的河流之中。实际上，凡事皆有度，过犹不及，一个人既不能个性棱角太突出，也不能太过圆滑，这都不是好事情。例如，在职场上个性太鲜明，总是把心中的所思所想都直截了当说出来，未必能够与同事之间搞好关系。很多话，需要变一种方式去说，很多事情需要变一种方式去做，如此效果才会更好。在这个世界上，每个人都是独立的生命个体，每个人都应该有自己的思想和灵魂，而不要总是麻木地学习他人，也不要总是以模仿他人作为人生的目标。如果一个人活成别人的样子，即使再成功，又有什么意义呢？从本质上来说，一个人最大的成功就是活出自己真实的样子，换言之，就是按照自己喜欢的方式去生活。

现代社会，信息传播的速度非常快。一个人有好的想法就相当于有了一个金点子，但是如果不能够及时地把这个金点子付诸行动，那么随着时光的流逝，机会不再有，金点子也就变成了毫无意义的空想。对于每个人来说，金点子一定要在最短的时间内变成现实，才是最有意义的。当然，也有一些人会犯自以为是的错误，自以为有了金点子，实际上却不是金点子。在这种情况下，要求我们先有自知之明，全面衡量和思考自己的想法是否可行，如果可行再去执行。

即使为了追求特立独行、与众不同，也要有一定的限度，这样，才能够让自己做得更好。否则，如果为了不同而不同，就像为了猎奇而去寻求新鲜一样，终究不能如愿以偿。我们注定要和别人不一样，却不要为了区别于别人而做出让人匪夷所思的事情，不走寻常路只适合极少数人，并不适合大多数人。

通常情况下，人们认为真理掌握在大多数人手里，所以很多人都有从众心理，在做事情的时候总是想要追随和模仿他人。这样一来，哪怕犯了错误，心中的内疚也会因为有很多人都犯同样的错误而减少。不得不说，这是逃避责任的表现，因为在现实生活中，每个人承担的责任都是不同的。如果我们只是为了逃避责任而盲目地让自己变得与他人相同，那么就会失去自己的本性，也无法履行自己的责任和义务。

真理掌握在少数人手里，所以当你发现自己的所思所想不同于别人的想法时，不要急于在自己与他人之间做出选择，而是要努力坚持自己的想法。古今中外，在坚持自我的科学家之中，有很多人都做出了伟大的成就，青史留名。

如今，很多热衷于网购的年轻人都知道马云，也都非常崇拜马云。马云就是一个敢想敢干的人。当年，马云三次参加高考，直到第三次才考入师范学校。从师范学校毕业后他当了一名老师，但是因为想要不一样的人生，他很果断地从学校辞职，开始创办翻译社。然而，翻译社创办之初经营并不理想，每个月入不敷出，但是马云没有退缩，而是努力维持翻译社的经营。三年之后，翻译社的经营状况越来越好，也教会马云凡事必须坚持，才会有好的结果。后来，马云在去国外时偶然接触了互联网，他当机立断，回到国内就开始做互联网。然而，在当时，互联网在世界上都还是很新鲜的事物，

更何况是国内呢。尽管不能得到大多数人的理解，马云还是想方设法凑够十万元钱，成立了网络公司，开创了中国黄页。后来，中国黄页被电信收购，不安于现状的马云创办了阿里巴巴。正是从创办阿里巴巴开始，马云开启了人生的传奇模式。如今的阿里巴巴俨然成为中国互联网界的航母，正是因为马云当年的敢想敢干，才成就了阿里巴巴的传奇。

成功者与失败者最大的区别，并不在于那些客观存在的区别，而在于成功者敢想敢干他人不敢想不敢干的事情。只有不断地开拓进取，尝试创新，我们才能在成长的过程中不断前进，砥砺前行。很多人在有了想法之后因为不能及时地付诸实践，导致时光流逝，实现想法的好时机也消失了。在这种情况下，最重要的不是确保好创意的执行万无一失，而是要当机立断展开行动，因为只有展开行动才是迈向成功的第一步，也只有展开行动才能够让一切都有切实的进展和改变。很多时候，人们拥有"柳暗花明又一村"的惊喜并不是命运的赐予，而是在努力奔跑的过程中，突然看到光的所在。

努力辛苦每一天，才能离成功越来越近

当生命流淌，从 18 岁到 28 岁，再到 38 岁，人们在这之间心境的改变是非常大的。青春年少的时候，人们对于人生的一切都充满了新鲜感，哪怕吃再多的苦也丝毫不觉得苦。随着年岁渐渐增长，原本单纯的心变得复杂起来，欲望也越来越多，所以很多人都觉得自己变得更加世俗和烟火气，这实际上是正常的心态改变，也是在不同的人生阶段中不同的追求。

每个人对于生命的感悟能力是不同的，再加上生活经验和阅历的不同，不同的人哪怕面对同样的生活也会有截然不同的感受和理解。这么多的不同，使得每个人在面对人生的时候都有不同的感受，他们或者觉得人生是辛苦的，或者觉得人生是非常值得努力的。不管觉得人生如何，人生的长河都在缓缓地向前流淌，而使人对人生的感受发生改变的实际上是人的本身。

生活不如意事十之八九，对于每个人来说，生活都不会如他们所想象的那样一帆风顺。最重要的在于，我们一定要在生活的道路上坚持自己内心的所思所想，这样才能够让人生变得更加纯粹，也充满动力。

在抱怨人生辛苦的时候，我们不如想一想：人生之所以有那么多甜蜜幸福的时刻，是因为它的底色就是辛苦。在这个世界上，如果没有丑也就无所谓美，因为所谓的美正是在丑的衬托下才表现出来的。一个人从小在蜜罐中长

大，那么长大之后，即使他拥有不错的生活，也不会感恩生活。所以，每个人都要习惯于品尝苦涩，也要习惯于努力辛苦地为人生奔忙。唯有如此，才能够在人生的道路上感受到更多的甘甜。

人的本能是趋利避害，每个人都想得到幸福美好的生活，而不愿意感受生活的苦涩与沉重。但是生活并不以人的意志为转移，当苦涩的生活和痛苦的磨难找上门来的时候，我们最重要的不是逃避，因为逃避从来都不能解决问题，而只是在拖延时间。真正明智的人会勇敢地面对苦涩，从而激发出自己所有的力量和斗志，这样一来才能够在成长的过程中更加坚定不移地努力前行。

当我们拥有坚强的内心，苦涩就无法看准时机再次伤害我们，因为坚强会融化苦涩，让苦涩不复存在。对于每个人来说，生命之中的一切经历，都是最好的赐予。唯有心态改变，我们才能彻底消融对于生命的憎恶，也才会拥有广阔的心胸去接纳苦涩。记住，当苦难到来的时候，既不要仓皇地逃避，也不要完全地漠视，更不要全身心地沉浸其中、无法自拔。只要我们换一个角度去看待苦涩，将其作为生命的磨砺、作为人生的崭新契机，就可以从苦涩之中发掘生命的美好，也能够从苦涩中得到更多的收获。

吃得苦中苦，方为人上人。当一个人被病痛缠绕的时候，他就会知道健康的身体是多么宝贵；当一个人失去爱情的时候，他就会知道爱人的陪伴是多么重要；当一个人遭遇磨难的时候，他就会知道朋友的相助，哪怕是点滴之恩，也是值得涌泉相报的。很多事情都是在比较之下，才能够凸显出可贵和真诚的，所以我们要感谢苦涩。在苦难到来的时候，我们要勇敢地迎上去，以坚强的心战胜苦难，以从容的人生态度消融苦难。

世界上从来没有一蹴而就的成功，也没有天上掉馅饼的好事，一个人要想有所成就，就一定要努力付出，因为只有付出之后，才能得到回报；只有吃苦之后，才能感受到成功的喜悦和甜蜜。在现实生活中，很多人因为各种各样的事情而感到内心波澜起伏，也因为心中的抱怨和憎恨渐渐地远离了生活的真谛。不得不说，这些人都没有对生命的真诚感悟。成功了不骄傲，失败了不气馁，在人生得意的时候继续扬起风帆前进，在人生失意的时候扬起皮鞭鞭策和激励自己，这样的人生才能够坚定不移地往前，也才能够真正收获充实、精彩的生活。

你现在辛苦努力的每一天，都是你未来幸福美好生活的保障。你每天的辛苦，就像是一块砖，成为你的垫脚石，提升你人生的高度。任何时候，都不要说苦，也不要觉得梦想遥遥无期。要记住，不是现实支撑了梦想，而是梦想支撑了现实；而实现梦想唯一的途径，就是不惧吃苦，坚持奋斗！

未来已来，有些事注定逃不过去

在人生的道路上，会有各种各样的障碍，有的人选择跨越障碍，有的人选择绕道而行，但是很多时候障碍是无法绕过去的，所以，我们必须战胜障碍才能前进，否则就要选择回头。

人都有趋利避害的本能，每个人都希望自己的人生顺遂如意，也希望自己能在人生中收获更多的幸福与美好，远离坎坷挫折。殊不知，这样的愿望也只是愿望而已，因为更多的时候，坎坷和挫折是人生主要的味道，幸福甜蜜反而成了人生的调味剂。我们要以正确的态度面对人生，也要理性地在人生中奋力拼搏。

张爱玲曾经在一篇文章里写道："生命是一袭华美的袍，爬满了虱子。"看到这样的句子，我们难免感到内心惘然。张爱玲的伤感与她从小生存的环境有密切关系。张爱玲的父亲与母亲的关系并不好，她的父亲在与她的母亲离婚之后，又重新娶妻。为此，张爱玲虽然生活在富裕的家庭里，却要面对父亲和继母。她与继母的关系一开始还算不错，后来越来越紧张，最终她不得不离开家。正是这样坎坷的成长经历，让张爱玲对于人生的理解比常人更加敏锐和深刻。然而，这就是张爱玲的命运，是她无论怎么挣扎都无法逃避的。她

16

必须接纳和面对这样的命运，才能在成长的过程中让自己的内心变得更加坚强，如果她对命运缴械投降，那么在此后的文坛上也就没有了谱写传奇的才情女子张爱玲。

每个人在生命的历程中都有自己的苦要吃，这是无人能够替代的，这也常常使那些内心脆弱的人感到焦虑不安。为此，只有真正的强者才能吃透生命的这份苦涩，对于大多数平庸的人而言，他们都选择对这份苦涩缴械投降，在苦涩面前落荒而逃。传说凤凰之所以能变成凤凰，一定要经历浴火涅槃的痛苦。今天，面对人生之中的很多苦难，不要试图逃避，而应该勇敢面对。因为只有在苦难的烈火之中焚烧，我们才能够在粉身碎骨之后脱胎换骨，获得真正的新生。

吃苦对于每个人而言都是非常重要的，所以从新生命呱呱坠地开始，就注定了他一生要历经苦难，也因此人们对于苦难才会仁者见仁、智者见智。古往今来，有很多伟人之所以能够获得成功，并不是因为他们得到了命运的青睐，或者是独具天赋，而是在饱经磨难之后，他们依然不屈服、不放弃，所以才能够战胜和超越自己，从而在吃苦之后铸就辉煌的人生。

很多人都喜欢蝴蝶，那么一定知道蝴蝶必须破茧而出才能够飞上天空。曾经有一个孩子在看到蝴蝶幼虫被包裹在茧中无法出来，感到非常着急，为此就用剪刀帮助蝴蝶幼虫把茧打开。然而，没有经历磨难就得见天日的蝴蝶幼虫很快死去，这是因为它还没有经历过痛苦，还没有感受到生命的阵痛，所以注定，不能蜕变为最美丽的蝴蝶。

对于每个人而言，命运都是非常公平的，它给予人很多机会，也会给人很多的磨难；他给人关上一扇门，就会给人打开一扇窗。当然，造物主的公平并没有以特定的形式表现出来，所以人生才会精彩纷呈。一个人既不会完全顺遂如意，也不会彻底进入绝境，只要对于生命怀着正确的态度，就能够激发出

生命的动力，在生命的历程中百折不挠、勇往直前。

　　要想在生命的苦涩面前坚强勇敢，除了要直接面对苦涩之外，还要学会面对苦涩的各种变形。苦涩不会一成不变，虽然它一直在那里，但是随着心态的改变，它也会有所改变。与其被动地等待命运赐予我们各种磨难，不如勇敢地张开怀抱去迎接命运的到来，这样我们才能采取积极主动的姿态驾驭命运，也才能够真正成为人生的强者。

第二章 不管何时都要相信，你的才华一定能够让你实现梦想

人生有很多坎坷和挫折，每个人要想得到自己梦寐以求的生活，就一定要用才华去支撑起自己的梦想，这样才能够在前进的道路上始终砥砺前行。否则，遇到小小的困难就马上放弃，甚至一蹶不振，那么人生必然就陷入沮丧和绝望的深渊。不管什么时候，我们都要相信自己，因为相信也是一种强大的力量，不但可以激发我们的斗志，也可以激发我们的潜能，让我们拥有真正美好的人生。

人贵有自知之明，要理性认知自我

很多人都没有自知之明，他们或者把自己看得太高，因此傲然于世，对周围一切的人与事都不屑一顾；或者把自己看得太低，让自己低到尘埃里，也就失去了自信和从容。不得不说，不管是把自己看得太高还是太低，都不是一件好事情，因为这样注定了无法正确地评价自己。

孩子在小时候缺乏自我认知能力，往往会把父母对他们的评价作为自我评价的标准，所以父母在养育孩子的过程中，要对孩子谨言慎行，更要慎重评价孩子。随着孩子不断成长，他们的自我认知能力越来越强，慎重评价才能让他们与家长之间更好地相处。他们能够认识到自己的优势和长处，也可以认识到自己的劣势和不足，这样一来，他们就可以客观中肯地评价自己，理性地认知自己，从而让自己有更好的成长和发展。当然，除了孩子之外，成年人更需要理性认知自己。因为人贵有自知之明，唯有理性认知自我的人，才能够更好地成长，也才能够在面对人生的诸多坎坷与挫折时，激发出自身的力量。

生活中，有太多的人抱怨人生不如意，在面对这个繁华的世界时陷入欲望的深渊。尤其是人与人之间很容易产生攀比，如果总是因为攀比而变得内心焦灼，无疑会影响人生的正常发展。所以，一个理性认知自我的人所具有的最好的品质，就是不会因为他人而改变对自己的态度，而且很清楚自己想要怎样的生活。毋庸置疑，在生命的长河中他们游刃有余，对于生命的理解更加深刻，对于生命的把握也更从容，为此他们理所当然地能够发掘出自身潜力，成就更加出类拔萃的自我。

其实，很多人之所以生活得不快乐，就是因为他们陷入了攀比之中，甚至把一切事情都拿去攀比，而完全忽略了自己真正的需求和内心的渴望。例如，女性攀比谁的丈夫挣钱更多，谁家里有更大的房子、有更豪华的车子，还攀比谁家孩子的学习成绩更好；男人们在一起，就会比较谁在事业上有更大的成就。这样的攀比对于人生来说是一种沉重的负担，对于人生起到的负面作用远远大于正面作用。从正面的角度来说，适度攀比可以激励人更加努力；从负面的角度来说，攀比会扰乱人们的心绪，让人盲目地学习和模仿他人，甚至为了追赶他人而打乱自己的节奏。

最可怕的是有人拿自己的缺点和他人的优点进行比较，导致自己信心全无。金无足赤，人无完人，每个人都有自己的优势和长处，也有自己的劣势和不足。我们把自己的优点与他人的缺点比较，是贬低他人；把自己的缺点与他人的优点比较，是对自己极大的不公平。作为成年人，一定要从攀比之中摆脱出来，可以把自己的昨日与自己的今日比较，看看自己是否有进步，这样一来才能够不断地督促自己前进。

每个人都要在成长的道路上更加理性地认知自己，这样才能够衡量自身的水平，从而活出更加充实精彩的人生。曾经有人说，只有懦夫才会与他人比较，真正勇敢的人只会与自己比较，督促自己不断努力，因为他们唯一的目标就是不断突破和超越自己。

尽管人们都说每个人都是平等的，然而现实很残酷，那就是人与人之间有着根本不同，而且家世背景等存在很大的差距，所以我们没有必要拿自己去与他人进行比较，而是要更加全面地认知自己，在自己的心中放置一把客观公正的尺子，这样才能够避免妄自尊大，也避免妄自菲薄，从而真正地做回自己。

你的美好无穷无尽，不要怕被生活消耗

人生之中最幸运的事情是什么呢？每个人对此都有不同的理解。热爱金钱的人希望拥有大把的金钱，实现绝对的财务自由；追求权力的人希望身居高位、呼风唤雨；喜欢岁月静好的人，只希望在午后温暖的阳光之下，可以泡一杯茶，读一本书，感受静谧的时光；还有的人非常喜欢运动，那么他们也许会在挑战各种运动的过程中突破自我、创造自我，并把这种精神发扬光大，督促自己不断地努力上进。总而言之，每个人都有自己想要的生活，也渴望成就独特的自己。

幸福是心中的一种感受。每个人对于幸福的定义都是不同的，想要拥有幸福，首先要确定人生的目标，要知道自己想要怎样的生活，否则，如果生活不是自己期望的样子，是无论如何也不会感到幸福的。有的人安然一生，有的人轰轰烈烈，也有的人浑浑噩噩。每个人在人生之中都应该有所作为，也应该向着理想和目标前进，这样才是真正充实的人生。

在紧张忙碌的生活中，很多人都觉得累，这是因为他们被现实消耗掉了对生活的热情，也在追名逐利的过程中堆积了太多的负面情绪。他们在不知不觉中就陷入欲望的深渊，无法自拔，这使得他们在成长的道路上非常艰难，常常内心迷惘和感到困惑。正如前文所说，每个人的心都是人生的背景，当背景变得大了，那些苦难和挫折就显得很小；当背景变得小了，那么苦难和挫折就会无形中被放大，在这种情况下，心情当然也会变得非常糟糕。每个人所面对的人生道路从来不只一条，当一条路走不通，无法带着我们到达目的地，我们不如改变角度，就能看到更多条路。人生短暂，只有有准备的人才能抓住人生的机会，才能实现人生最大的可能性。

现代社会，每个人的生活都处于高速旋转的状态，职场之中竞争日益激烈，更是使得人们如同陀螺一样无法停下来。每天早晨，经过一整个夜晚的休养生息，不管身体是否已经恢复到最佳状态，每个人都必须如同打了鸡血一样，以最快的速度洗漱，赶乘班车，争取在迟到之前的时间里到达单位。有一定经济基础的人会选择开着私家车去单位，然而，道路拥堵并不好走。如今，越来越多的人患上"路怒症"，因为堵车，他们总是情绪暴躁，在开车的过程中并不是悠闲地听着音乐惬意地前行，而是怨声载道，甚至恨不得长按喇叭，让喇叭把别人的车都驱赶出道路，好让道路畅通无阻。当然，这是根本不可能实现的，尤其是在大城市生活，我们接受大城市的便利，也要忍受大城市的拥堵，更要学会应对大城市里如潮的人流。从辩证唯物主义的角度来说，凡事有利皆有弊，对于每件事情，我们既要享受它带来的利好，也要接受它带来的弊端，这样才能够坦然从容。否则，遇到小小的不如意就怨声载道，只会导致事情变得更加糟糕。

即使生活再艰难，我们也要对生活怀着美好的希望和乐观的心态，这样才能够战胜生活中的坎坷和挫折，从而让自己在人生的道路上砥砺前行，奋斗进取。从本质上来说，人生是没有绝境的，正所谓天无绝人之路。只要心中始终怀着希望，那么在遇到艰难坎坷时，我们也就能够做到勇往直前。这样一来，当然可以"柳暗花明又一村"。如果我们在遇到小小的挫折时就不断放大内心的负面情绪，会让自己不堪重负，那么我们很难熬过人生中最艰难的时刻，迎来人生的柳暗花明。曾有心理学家研究证实，大多数人所担忧的事情并不会发生，他们之所以为这些事情感到烦恼，是因为在心中无形放大了焦虑。每天清晨起床的时候，不如拉开窗帘呼吸窗外新鲜的空气；每天在上下班的路

上，如果堵车了，那就听一听音乐，放空自己。生活中总是有一些小确幸，最重要的是我们要有一颗善于发现的心，否则总是盯着那些不如意而忽略了生活中的美好，如果那样我们就会成为一个负能量的气团，不管走到哪里，都给身边的人带来苦恼和不快。要想让人生变得绚丽起来，就要努力乐观，勇往直前，坚定不移地做好自己。

转过身，依然是美好的天

在传统教育中，我们都被教导一定要成为出类拔萃的人，要拥有成功的人生。殊不知，在这个世界上，真正能够爬到金字塔尖上的人少之又少，大多数人都处于金字塔的底部和中部。如果总是一味强求自己成为金字塔尖上的人，就会给自己过大的压力，毕竟每个人的天赋都是不同的，所遇到的成功机遇也是不同的。因此，我们要更加理性地对待成功，而不要一味地苛求成功。

如今很多父母都对孩子抱有过高的期望，甚至亲自领跑，带着孩子追求成功。殊不知，这种盲目追求成功的行为，不但给孩子造成了巨大的压力，也给父母们带来了过多的焦虑。很多望子成龙的父母，给小小年纪的孩子报名参加各种课外班、兴趣班，剥夺了孩子快乐的童年。不得不说，这种本末倒置的行为，对孩子的成长是极其不利的。

很多父母都把高考作为孩子成功的唯一途径，因而出现了千军万马过独木桥的现象。实际上即使考不上名牌大学，在现代社会的教育背景下，孩子们只要努力上进，也可以以其他的方式继续接受教育，还是可以走出属于自己的人生之路。对于父母来说，最重要的在于不要一味地抱怨孩子，也不要给孩子灌输人生只有考大学这一条路的极端思想，否则，整个家庭教育都会陷入混乱的状态。在引导孩子健康成长之余，父母也要端正心态，才能积极地面对人生。

人的思想是要灵活变通的，不要一条道走到黑，毕竟很多时候命运赐予我们的外部环境是无法改变的，所以重要的是要调整好心态，才能在成长的道路上不断前进。即使不能在竞争中名列前茅，甚至成为一个排不上名次的人，也没有太大的关系。人非圣贤，一个人不可能在所有方面都有天赋，而是有可能只在某些方面有特殊的天赋，这是完全正常的人生表现。

很多时候，人们只觉得第一名无限风光，却忽视了其他的人，这是因为他们特别重视第一名。实际上，一个人能否获得第一名并不是最重要的，重要的是要在人生的道路上始终保持前进的动力，这样才能够有更好的发展。从另一个角度来说，人生也并不只有得到第一名这一件事情，还有很多比得第一名更重要的事情等着我们去做呢！因而，每个人都要摆正心态，这样才能拥有充实快乐的人生。

当然，得到第一名本身并没有什么不好的，但一味地追求第一名会让我们在人生道路上变得迷茫。虽然人生要有随遇而安的心态，但是也不能太过于随意，毕竟人生还是需要有目标和方向的。因此，把握人生一定要掌握好合适的度，既不要过于苛责自己，也不要过于放纵自己。在现代社会，我们一定要想清楚自己想要什么样的生活，准确定位，才能够让自己有的放矢地努力奔跑。所以，我们要为自己确定人生的目标，我们的努力才能让我们更加接近成功。虽然定位并不代表一定能够实现目标，但是如果人生浑浑噩噩浪费时间，最终一定会一事无成。

毕业后，赵霞原本想进入报社当记者，但是没有通过报社的考核，她只能回到家乡当了一名老师。老师和记者的工作性质截然不同，赵霞对自己感到失望，但是她并没有放弃努力。

从进入学校的第一天，赵霞就非常努力地工作。虽然对于每天按部就班的教学生活不那么感兴趣，但是她深知哪怕当一天老师也要对得起学生这个道理，每天都很认真地备课教学。与此同时，她还利用业余时间坚持学习。在学校工作的三年时间里，赵霞不但阅读了大量的书籍，而且通过自学完成了编辑专业的学习，最后她辞掉教师的工作，去了一家图书公司。后来，她从业年限达到规定要求，凭着深厚的知识根基和实践功底，考取了编辑资格证。有了编辑资格证的赵霞，始终在等待机会进入报社。一年多后，赵霞看到有一家报社在招聘编辑，赶紧投递简历，过五关斩六将，最终通过层层面试，顺利加入报社。赵霞先从小编辑做起，不断地努力进取，也渐渐地向记者转型，功夫不负有心人，几年之后成为一名非常优秀的记者。

很多人一旦远离梦想，就会自暴自弃，但是对于赵霞来说，即便远离梦想，也要鼓起勇气，对梦想不离不弃。在坚持努力之后，赵霞最终获得了成功。如果她一蹶不振，恐怕只能在教师的岗位上工作一辈子。当然，这不是说教师的工作不好，而是因为赵霞的理想是成为一名记者。因此，对于赵霞而言，实现当记者的理想才是真正迈上了成功人生的道路。

每个人都渴望获得成功，但是成功并不是人生的必然结果。要想从丑小鸭变成白天鹅，一定要坚持努力，决不放弃，这样才能够距离成功越来越近。当然，丑小鸭之所以能变成白天鹅，也是因为它本身就是一只天鹅，所以我们还要准确定位自己，而不要盲目地看高或者看低自己。记住，最大的成功不是获得别人眼里的成功，而是活成自己最想要的样子。正所谓"不忘初心，方得始终"。我们一定要坚持不懈，才能在成长的道路上最大限度地实现自己的人生梦想。

珍惜所有，爱你所爱

面对人生，很多人都抱怨不休，因为他们觉得自己没有得到梦想中的生活，得到的太少而失去的太多，所以他们心中愤愤不平。实际上，命运对于每个人都是公平的，有的人拥有美貌，却没有健康的身体；有的人拥有健康的身体，却过得很粗糙；也有人拥有金钱，却错失爱情；还有人拥有爱情，却在其他方面遭遇了很多的坎坷与挫折……总而言之，一个人不可能占据所有的天时地利人和，总会发生各种各样糟糕和意外的事情。努力不能让我们战胜所有人，却可以让我们战胜自己，这大概就是努力最大的意义！每个人都不可能完全理性地过完这一生，很多时候总是要像个傻瓜一样去坚持做一件事情，至于结果如何，并不影响我们获得成就感。

面对爱情的时候，如果不能做到两情相悦，就要面临两难的选择：到底是选择自己所爱的，还是选择爱自己的，这会得到截然不同的人生。当然，做出哪一个选择都有好处，也有弊端，最重要的是要调整好心态，也要知道自己想要怎样的人生。从本质上来说，人们的很多苦恼都是因为贪心和不知足，一个人如果总想占据所有的优势，希望命运顺遂如意，那么伴随而来的就是无限的烦恼。

每个人都想拥有得越多越好，但是欲望和人的幸福指数恰恰是呈反比的。每个人都想生活得更好，但所需要的物质条件有限，如果人被欲望裹挟着前

28

行，就会陷入欲望的深渊之中无法自拔。正如古人所说，"一念贪私万劫不复"。这句话告诉我们，人只有战胜欲望，才能够真正地拯救自己。尤其是现代人总是犯眼高手低的错误，他们在心里把自己看得很高，实际上能力却有限，所以导致对于事情的结果有过高的憧憬和不切实际的幻想，最终没有很好的结果。为此，他们难免会被烦恼缠绕，也不知道自己要怎么努力才能获得成就。

要想拥有顺遂如意的人生，我们就要认清楚一个现实，那就是每个人的欲望都是一个无底的深渊，如果任由欲望发展下去，人们就会跌入深渊，万劫不复。为此，我们要控制自己的欲望，对所拥有的一切感到满足。知足常乐，就是人战胜欲望的最佳方式。在欲望的驱使下，人还会做出很多失去理智的事情，只有降低欲望，人们才能更加理性从容。现代社会，竞争非常激烈，每个人每天都要面对各种各样的压力，常常会感到身心俱疲。试问，有几个人知道自己想要追求的生活是什么样的呢？

其实，人是否能够得到快乐，并不在于外部的客观条件，而在于他们是否心中坦然。如果一个人拥有很多，却总是奢望得到更多，那么他远远不如那些拥有很少却感到知足的人幸福。对于人生而言，最大的苦恼不是拥有的太少，而是想要得到的太多。从本质上来说，幻想和憧憬人生并不是一件坏事情，反而会激励人不断地努力前行，激发出人的潜能，但是这也要根据每个人的条件去决定。如果所期望与憧憬的超出自身的能力水平很多，那么欲望就无法实现，人们也会因此而陷入求之不得的痛苦之中。每个人都要客观中肯地评价自己，认识到自己的优势和劣势，这样才能够在成长的道路上给自己设定最合理的目标，也能够有效地激励自己成长和进步。

很多擅长下棋的人都很善于克制欲望，因为他们知道一旦变得贪婪，也就距离失败不远了。欲望并非一成不变，随着生活水平的提高和心理状态的改变，欲望也在不断地扩大。所以，我们要学会知足地面对生活，珍惜生活的馈赠，最大限度地珍惜自己所拥有的一切。

不幸的人很多，你没有必要自怜

如果一个人没有脚，面对残缺的身体，他一定会非常怜悯自己，如果他心中的怨气太重，还会影响整个人生。但是，当有一天他看到一个连腿都没有的人时，他一定会感到非常庆幸，因为他至少还有腿。这样一来，他就可能改变自怜的心态，也可以鼓起勇气面对人生。

任何时候，抱怨给人的内心带来的影响都是消极负面的。如果陷入虚荣的攀比之中，人就会迷失本心，陷入欲望的深渊，无法自拔。当然，偶尔攀比是有积极意义的，可以让我们对人生有更加积极的憧憬。在这个世界上，有的人一出生就含着金汤匙，而且得到命运的眷顾，在每个方面都出类拔萃；也有的人一出生就在生活的底层，不但家境穷困，还常常受到命运无情的捉弄。面对这两种截然不同的人生，难免会让人心理失去平衡。然而，一个人就算已经倒霉透顶，也肯定能够在这个世界上找到比他更加倒霉的人，或者说他也许在某些方面很不顺利，但是一定有顺遂如意、值得得意的一面。所以，在面对命运的坎坷和挫折时，不要一味地抱怨，而是应该调整好心态积极努力地面对人生、改变人生。要想得到幸福的人生，最重要的是不要背负着沉重的心理负担。唯有怀着轻松乐观的心态，才能让自己的心安然，也才能以积极的心态迎接人生中的每一天。对于任何人而言，自怜都是最可怕的自伤武器，因为在这个世界上真正能伤害我们的只有自己。

很久以前，有一个大富豪因为经营不善，导致生意破产，生活也一落千丈，从一个衣食无忧的有钱人变成了一个身无分文的穷苦人，还背负着巨额债务。这样的剧烈转变之后，他心灰意冷，也对生活失去了信心和兴趣，更是认为活着的每一天都是煎熬。

每天晚上，他走在街头，看到街上霓虹灯闪烁，不由得内心感慨万千。就在几个月前，他还是高高在上的老总，每天出入写字楼时，总是有很多员工向他致敬问好，他也习惯性地安然享受着这种膜拜。现在落魄了，他走到写字楼面前，保安甚至以怀疑的眼光看着他，这让他觉得自己的人生再也没有任何希望。他心中愤愤不平，不知道命运为何要如此对待自己，和自己开这么残酷的玩笑。他产生了轻生的念头，不知不觉间走到了川流不息的车流之中，只希望有一辆大车把他撞飞，让他在没有痛苦的状态下就去往天堂。

在神思恍惚之际，他突然看到在川流不息的车流中爬过来一个人。之所以说是爬过来，是因为那个人完全匍匐在地上往前挪动。一开始，他以为自己看花了眼，等到仔细看清楚之后，他确定那个人就是在爬。他很惊讶：这个人怎么了，为什么在地上爬呢？他站在马路中间等着，足足过了五分钟，才看到那个人爬过一半的马路，也才得以看清楚那个人的样子。原来那个人没有双腿，他在身体下面垫了一个带有轱辘的板子，然后把鞋子穿在手上，用手支撑自己，在地面上滑行。也许是因为轱辘坏了，所以那个人不得不带着自己的身体和沉重的板子一步一步地往前蹭。看着那个人的样子，他的心中感慨万千：他只是失去了金钱而已，他还有健康的身体，可以再找机会努力赚钱，但是那个人的人生是靠着双手支撑起来的，他甚至不能有尊严地站起来，只能匍匐在地上，和那个人相比，他是何其幸运！他的内心当即充满了希望，觉得自己的人生完全可以变

得很好。他走过去蹲在那个人身边与之握手，这一刻他完全把金钱抛之脑后，就当自己一直以来都是一个穷小子一样坦然地接受贫穷，也下定决心要想方设法地改变命运。

很多人在遭遇不幸的时候都会怨天尤人，因为他们觉得命运唯独对他们不公平。古人云，"不患寡而患不均"。这种思想意识对人的影响是非常大的，当发现世界上还有很多比自己更加不幸的人时，人们往往就能告别沉沦，鼓起勇气，重燃希望，努力地面对人生。当然，面对那些更加不幸的人，我们一定要给予他们同情，也要力所能及地帮助他们。在这个世界上，所谓的温暖不就是不同的人依偎在一起取暖吗？

每天睁开眼睛，我们还能够看到太阳；每天张开嘴巴，我们还能够呼吸到新鲜的空气，我们就应该庆幸自己还活着，拥有健康的生命。在这个世界上，有多少人挣扎在生死线上，想要努力地活下去，却做不到！所以，活着就是最大的幸运，而活着就有义务活出精彩！

在如今的和平年代里，我们为了生活得更好而努力奔波；而在这同一个时代里，还有一些国家的人民不得不经受战火的摧残，尤其是在那些贫穷落后的地方，很多孩子根本吃不饱饭，饿得皮包骨头，这样的痛苦是我们不身临其境就无法体会到的。所以，不要再抱怨命运的刻薄，而是要真诚地感恩命运赐予我们的一切，哪怕是遭遇坎坷和磨难，也是给我们的人生增加阅历，也可以让我们的未来变得更加美好。自怜就像是一个套子，套住了我们，也让我们闭目塞听。只有撕开这个套子，以真实的自己面对外部的世界，我们才会更加强大起来。

心若改变，世界也为之改变

有人主张唯心主义，认为心态能够改变一切，然而事物都是客观存在的，不可能因为思想意识的改变就发生改变，那么我们为什么要说"心若改变，世界随之改变"呢？这是因为心改变了，我们的态度也就改变了，对于很多人和事的处理方式也会相应地进行调整，这样一来，事情的结果当然会有所改变，人生所呈现出来的样子也变得截然不同。

人在一生之中都会遭遇很多的坎坷、挫折与磨难，不管是年幼的孩子，还是年迈的老人，都会得到命运同样的对待。所以，命运其实也是公平的，因为它给每个人都安排了幸福甜蜜和痛苦烦恼。只有在各种感情和各种感受错综复杂交叉的情况下，人生才更加丰富，更加完整。

作为普通人，我们总是因为各种各样的琐碎事情而烦恼，例如，孩子考试成绩不好，与朋友之间的关系变得很尴尬或者是与爱人面临离婚的境地。对于身体健康、人生顺遂的人而言，这些都是非常痛苦的事情，而实际上在生死面前，这些苦恼都不值一提。孩子考试不好，未必非要上名牌大学，如果孩子根本没有学习的天赋，那么也可以走其他的道路获得成功；与朋友的关系紧张，如果想要挽回，就主动地与对方和好，为了挽回一段值得珍惜的友情而低头没有什么大不了的，如果不想继续相处，就"挥一挥衣袖，不带走一片云彩"，同样洒脱。至于爱情，更是每个人都无法控制和掌握的，只有坦然地面对爱

情，接受爱情的变化，才能够做到随遇而安。要相信，当缘分到来的时候，你的真命天子或者是命中注定的女神一定会出现。

人的心就像一个容器，如果容纳了太多的痛苦，就没有空间来放置幸福。所以，愚蠢的人总是为各种各样的事情感到烦恼，明智的人则会为各种各样的事情感到庆幸。他们把自己的心注满了满足和幸福，这样一来，痛苦自然没有缝隙可以进入。

人生在世，应该把心胸变得更加宽广博大。如果心像针尖一样小，那么即使落入小小的尘埃，也会将其堵塞；如果心胸很宽阔，那么即使遇到很不开心的事情或者莫大的遗憾，也不会将心堵塞。所以，每个人都要开阔心胸，让人生的背景变得更辽阔，这样一来，哪怕有痛苦和挫折，在大背景之下，也会相对渺小。正如奥斯特洛夫斯基所说的，"人最宝贵的是生命"。生命对每个人来说都只有一次机会，所以每个人都要非常努力地生存下去，这样才能够在成长的道路上坚持前行。大文豪鲁迅先生也曾说过："时间就是生命，浪费别人的时间无异于谋财害命。"既然如此，我们又为何要浪费宝贵的时间去抱怨呢？与其花费时间去抱怨，还不如当机立断地展开行动。对于能接受的事情，就坦然接受；对于不能接受的事情，就勇敢改变。哪怕最终结果是失败，至少我们收获了失败的经验，就不算白白辛苦一回。

在漫长的人生道路上，不如意总是与我们相伴而行，所以我们一定要学会接受各种不如意，让自己的头脑变得更加清醒。每个新生命呱呱坠地的时候，都非常脆弱和娇嫩，必须靠父母无微不至的照顾才能够生存下来，生命是如此宝贵，每个人都没有理由为那些无所谓的小事情而烦恼。哪怕经历大风大浪、大悲大喜，也是人生中最好的成长阅历。

要想靠近幸福，就要远离痛苦，要想远离痛苦，就要让人生的背景变得更加广阔博大，这样痛苦才会如同尘埃一样消融在生活之中。此外，也不要让自己的记性太好，真正明智的人都是很会遗忘的人，他们会遗忘那些不值一提的小事，也会遗忘生活的烦恼，从而让自己在生活之中更加豁达、更加潇洒。你必须知道要把生活中的哪些事情"牢牢刻在石头上"，也必须知道要把哪些事情"轻松地刻在沙地上"，这样，幸福才会悄然而来。

第三章 你所向往的每一个地方，都要经过艰苦卓绝的努力才能到达

在人生之中，如果不想原地不动，想到达另一个地方，一定要非常努力，哪怕面临坎坷挫折，也要坚定不移地前行，这样才能够成功地到达目的地；一个人如果光有好的想法，却纹丝不动，那么人生就会始终停留在原地。当我们看到别人光鲜亮丽达到巅峰，不要盲目羡慕，而是要想到别人在光鲜背后所付出的艰苦卓绝的努力。

时间对每个人都是公平的

在这个世界上，很多人都倡导公平，实际上真正的公平是不存在的，因为每个人都生而不同。不管是父母的背景，还是家庭环境，或者是每个人的体质都是不同的，都会导致人们之间境遇的截然不同。然而，也有一件东西对所有人都是公平的，那就是时间。时间滴滴答答往前走着，既不会因为什么原因而变得缓慢，也不会因为什么原因而变得急促，始终保持着匀速，对每个人都绝对公平。一个人不管是富甲一方，还是身无分文，也不管是达官显贵，还是平民百姓，都一样享受时间，也被时间追赶着向前。

很多年轻人总是说"我年轻，我任性"。的确，对于所有人来说，最大的财富不是当多大的官，拥有多少金钱，而是拥有年轻。当生命一去不复返，在生命即将终结的那一刻，我们还能以什么理由去任性肆意地活一回呢？在整个大自然中，人类自诩为万物的灵长，却不知道在时间的历史长河中，人类只是沧海一粟，没有人能够主宰时间。伟大的哲学家帕斯卡尔说："人是一根会思考的芦苇。"在自然界中，芦苇是非常脆弱的，然而，当芦苇会思考，会产生怎样的结果呢？当一根会思考的芦苇，知道自己的未来必然走向终结，知道一切的生命都是向死而生，也许会颓废，更多的可能是振奋。

有人说人生是漫长的，也有人说人生是短暂的。其实，人生到底是漫长还是短暂，并不取决于绝对的时间，而取决于我们对于生命的理解和感悟。有些人活着，整日浑浑噩噩，从来不去把握时间做自己想做的事情，最终虚度一生，时间对于他来说只是一种经历而已。有些人活着，非常努力，哪怕遭遇生命的困厄，也从来不轻易放弃，而是能够与命运抗争，让自己的人生变得更加璀璨夺目，能够激发出自己所有的力量和斗志，总是能够昂扬向上，努力奋进，那么他们的生命纵然短暂，也是值得人们永远铭记的。所以，在人生的道路上，每个人都要摆正位置，也要端正心态，这样才能不断地成长、持续地进步，也才能让自己做到生如夏花般绚烂。

在整个宇宙之间，在无涯的时间之中，每一种生物都如同昙花一现，最终消失得杳无踪迹。我们不能因为自己注定要消失就无所作为，也不能因为生命的短暂就沉沦沮丧。要把自己变成生命长河中的一枚贝壳，安静地沉潜在水底。

在世界历史上，亚历山大大帝赫赫有名，在他在位的 13 年时间里，率领大军东征西讨，从没有一天享受过安逸的生活，最终建立了庞大的帝国。对于亚历山大大帝自身而言，他的生命如同昙花一现，在绚丽绽放之后就灰飞烟灭，但是他对整个世界和整个人类做出的贡献，却是不可磨灭的。整个历史，都因为亚历山大大帝的丰功伟绩而变得辉煌，无数后人瞻仰亚历山大大帝的成就，也为他的伟大壮举而感慨不已。然而，在去世之前，亚历山大大帝留下了一份非常奇怪的遗嘱。遗嘱总共包含三条内容：第一条，医生独自运他的灵柩回国；第二条，用金银珠宝铺满通往墓园的道路；第三条，棺材上要在两只手的位置都预留下一个洞，从而让他的双手可以通过棺材伸出来。没有人知道亚历山大大帝的遗嘱是什么意思，一个将军斗胆询问原因，亚历山大大帝的回答震惊世人。他说："我想告诉后人们，医生即使医术高明，也不可能战胜死亡；一个人一生中只追求金钱财富和权势，就相当于在浪费时间和生命；每个人赤手空拳来到这个世界上，也必然赤手空拳地离开，不能带走任何人世间的东西。"大臣们听到亚历山大大帝的回答全都陷入了沉思，这就是一生征战无数、战功赫赫的亚历山大大帝在临终前对于人生的感悟。

现实生活中，有很多人都在为各种各样的身外之物而奔波忙碌，例如，他们想要挣到更多的钱，购买大房子、豪华的车子、昂贵的时装等，却不知道在这样本末倒置的生活中，他们错失了生命中最宝贵的、最值得珍惜的时光。无论在生存期间拥有多少身外之物，在离开人世的时候他们都注定要两手空空，根本不可能带走任何东西。所以，我们要知道生活的终极目的到底是什么，而不要茫然地生活，被各种不值得的东西纠缠住人生的脚步。记得在一档美食节目中，有一对北京的小夫妻，在去了云南洱海旅游之后，深深地爱上了那个距离蓝天白云更近的地方。为此，他们辞掉北京的工作，卖掉北京的房子，毅然决然去了云南生活。妻子是一个自由撰稿人，在云南可以一边享受生活一边工作。还没有孩子的他们喂养了一条大狗，吃着云南的美食，呼吸着云南的新鲜空气，快节奏的生活一下子慢下来，似乎整个人都变得精神起来，人生的节奏和品质也变得截然不同。

选择怎样的生活，如何度过生命中宝贵的每一分钟，决定权在每个人自己的手中。如何才算成功，每个人的定义也截然不同，最重要的在于，要过自己想要的生活，要活出自己期望的样子，要在生命的最后一刻无怨无悔，感恩自己能够来这个世界走一遭。

你会欣赏断臂维纳斯的美吗

很多喜爱雕塑的人，都沉浸在断臂维纳斯的美之中无法自拔。也有一些人感到遗憾：如果断臂维纳斯是完整的，那她会更加完美。然而，这个世界上真的有绝对的完美吗？如果维纳斯真的完整了，有了健康优美的双臂，人们是否会发现她有其他的缺点呢？当然会的。断臂维纳斯之所以在很多人的心中那么完美，是因为人们更加关注她的残缺，也包容了她其他的不完美。断臂维纳斯拥有蛇形线，类似于 S 形波状线。英国大名鼎鼎的美学家威廉荷迦斯在他的作品《美的分析》中就曾经指出：蛇形线比其他一切线条"都更能创造美"，可谓是"美的线条"，这是因为蛇形线"灵活生动，同时朝着不同的方向旋绕，从而使得眼睛得到满足，引导眼睛追逐线条本身的多样性和无限性"，"富于吸引力"。这样的蛇形线正是因为维纳斯失去双臂才出现的。其实，维纳斯原本是有双臂的，在失去双臂后，很多人都曾经尝试复原维纳斯的双臂，但是觉得还是没有双臂的维纳斯更能让人有想象力。这就是残缺激发了人的想象力，就像《泰坦尼克号》一样，如果露西和杰克的爱情不是那么短暂，就不会如同烟花般绚烂。如果他们的爱情能够冲破世俗观念的限制而修成正果，那么已经习惯了上流社会生活的露西，或许很难真正与杰克过贫困的社会底层生活。现实就是如此，总是能够揭开很多残酷的真相，让人感慨唏嘘。

这个世界上既没有完美的人，也没有完美的事情，每个人都要接纳自身的不完美，也要接纳整个世界的残缺和遗憾。也许正是因为不完美的存在，生

命才显得更加真实，可以触摸。为此，我们都要端正心态，既不要以完美苛求自己，也不要以完美苛求他人，唯有坦然接受一切存在的事物，才能拥有良好的心境。

现实生活中，很多人一旦发现自己犯错或者别人犯错，马上就会歇斯底里地发作，也总是因为各种各样的错误而不愿意原谅自己或者他人。不得不说，这是在用错误惩罚自己，让自己对生命失去了正确的感知。所以，我们都要适度降低对人生和客观世界的要求，不要奢求一切都非常完美，更不要奢求凡事都能顺心如意。

读过《假如给我三天光明》的朋友都知道海伦是一个非常积极乐观、坚强勤奋的女孩。她在一岁多的时候就因为猩红热而失去视觉、听觉，成为盲聋哑人。在成长到一定阶段之后，她开始意识到自己与正常人的不同，也因此感到忧愁焦虑，变得狂躁。为了帮助海伦更好地成长，父母为海伦请来一位家庭教师。正是在家庭教师的引导下，海伦才拥有了通往外部世界的通道。从此之后，她走出自己狭窄闭塞的内心，走入广阔的世界，正是在这个过程中，她开始学习，也热爱学习。后来，海伦不但通过努力学习考上大学，而且还写了好几本书，其中《假如给我三天光明》在世界上引起轰动，也激励了无数像海伦一样的残疾人身残志坚，与命运博弈。

海伦在接受采访的时候曾经说过，如果不是因为那场突如其来的疾病，如果不是因为重度残疾的身体，她也许不会拥有后来的成就，反而会变成一个普普通通的女孩，在成人之后按部就班地生活，拥有平庸的人生。所以，是身体的残缺成全了海伦，也是被坎坷的命运激发出来的昂扬斗志拯救了海伦。

生命就像是一曲华美的乐章，越是波澜壮阔，越是会有高潮和低谷，也正是在这样的起起伏伏之中，生命才变得更加鲜活生动。每一个人都不要抱怨命运不公，因为命运从来都是公平的，它在给人关闭一扇门的同时，也会给人打开一扇窗。常言道："人生不如意事十有八九。"这是任何人都无法改变的。既然无法改变，就不要怨天尤人，更不要愤愤不平，而应调整心态坦然接受和面对，唯有如此才能激发出自身全部的力量去改变命运、主宰命运。

与其抱怨不休，不如拼尽全力去改变

现代社会，有太多的人整日生活在抱怨之中，他们或者抱怨命运不公平，或者抱怨人生不如意，或者抱怨身边有猪一样的队友，或者抱怨领导总是偏爱某一个人而对自己视若无睹。这形形色色的抱怨充满了负能量，没有任何积极作用，只会让抱怨者内心愤愤不平，眼睛被蒙蔽。

唯心主义者主张心态决定一切，但是从唯物主义的角度来看，很多客观存在的事情并不是可以随意改变的。因此，在发现很多事情无法改变之后，我们最重要的是调整心态，接纳客观存在的一切，也努力去改变自己，适应外部环境。唯有怀着这样积极的心态，我们才能主宰命运，也才能在与命运博弈的过程中，有长足的进步。

古人云："不患寡而患不均。"很多人之所以抱怨不休，就是因为想要奢求绝对的公平。在这个世界上，除了时间对于每个人都是公平的，其他事情并不存在绝对的公平，十个手指头还有长有短呢，你还希望每件事情都能一刀切地整齐划一吗？在很多家庭里，兄弟姐妹之间从小亲密无间地一起成长，到了长大成人之后，反而因为各种各样的原因反目成仇、彼此怨恨、相互排斥和抗拒。如果他们能够相互宽容和理解，那么他们就可以成功地打开心扉，接纳生活的不完美和不如意，也让自己保持着积极进取的姿态。

　　张晓伟从学校毕业之后，一直在非常努力地找工作，但是过了很长时间，他都没有找到合适的工作。每次去单位应聘，他总是被拒之门外，他们不是嫌弃张晓伟学历不过硬，毕业的学校不是985或者211，就是觉得张晓伟缺乏工作经验，能力也有限。张晓伟苦恼极了：难道不是名牌院校毕业就没有机会工作吗？难道每个人生而就有工作经验，就是能力超群的吗？你们不给我机会，怎么知道我能不能胜任呢？然而，这些话他无人诉说，只能深深地埋藏在心底。也有的用人单位愿意聘用年轻人，但是那些工作都太差劲了，张晓伟不甘心自己寒窗苦读这么久，居然还要去做最底层的工作，赚取的薪水还没有农民工多。

　　整整一年的时间过去了，张晓伟高不成低不就，始终赋闲在家，除了偶尔出去应聘之外，几乎不出家门。后来，他索性连面试也不参加了，因为他对于结果已经不抱有信心。父母一开始还体谅张晓伟找工作不容易，到后来也不愿意养着张晓伟，和他大吵一架，指责他太过懒惰，内心虚荣浮躁。张晓伟非常苦闷，去了深山的寺庙里，把自己的烦恼告诉了方丈。听到张晓伟的哭诉，方丈什么也没说，过了很久才问张晓伟："你最想得到什么？"张晓伟说："我想要公平。"方丈让小徒弟拿出纸笔，对张晓伟说："请你写下公平二字。"张晓伟拿起笔，开始写。看着张晓伟写的字，方丈沉吟道："公平二字，本身就不公平，公有四个笔画，平却有五个笔画，可想而知这个世界上根本就没有真正的公平。"张晓伟陷入沉思，方丈继续说道："那些学霸并非天生就是学霸，在学习的过程中，他们一定付出比你更多，当时你可曾追求公平呢？"在方丈的点拨下，张晓伟释然。回归城市，他从最底层的工作开始做起，一步一步脚踏实地，只求付出，不问前程，在工作上的表现居然越来越好。

"公平"二字都不公平，还何来公平？那些觉得不公平的人，都无法拥有良好的心态，心中满怀戾气；而那些觉得公平的人，都是心境怡然的，所以才能坦然接纳存在的一切，也努力调整心态去适应外部环境，寻求长足发展。心若改变，世界也随之改变。这句话绝不是出于唯心主义，认为心能决定一切，而是出于唯物主义，认为既然外部世界不能改变，那么就要调整好心态，才能从容应对很多的事情。

记住，人生之中没有绝对的公平，一个人如果总是追求绝对的公平，内心会渐渐地失去平衡，从而愤愤不平、焦虑不安，陷入极度的烦恼之中无法自拔。当心中充满抱怨、充满戾气的时候，不如扪心自问：我是绝对完美的吗？我是最好的吗？否则，我有什么资格奢求得到最公平的对待呢？只有不公平，才是命运对于世间万物绝对的公平。

如果你是一颗石子，就不要奢求在被扔到石子堆里的时候，能够被别人一眼就认出来；如果你是一颗钻石，即使你被埋没在石子堆里，终有一日也会有人慧眼识"钻"，把你从石子堆里拣出来。要想让自己出类拔萃、璀璨夺目，就要最大限度地提升自我，让自己变得满腹才华、卓尔不群，这样才能得到更多的重用和赏识，也才能更加快速地成长，拥有充实精彩的人生。

用你的脚步丈量精彩的世界

大文豪鲁迅先生曾说，"这个世界上本没有路，走的人多了，也便成了路"。的确，路都是人走出来的，那些在荆棘丛里开路的人，难免会被划破双脚，鲜血淋漓，但是他们从不后悔，因为他们看到了从未有人看过的风景。在这个世界上，走别人开辟好的道路固然省心省力，也能最快速地达到一个小小的目标，却无法走出属于我们自己的道路。一个人要想拥有属于自己的独特人生之路，就要亲自用脚步去丈量，要披荆斩棘，不畏艰难坎坷。

一年有春夏秋冬四季，在春暖花开的时候感受春意盎然，在烈日炎炎的时候面对似火骄阳，在秋高气爽的时候远眺湛蓝的天空，在冬日寒冷的季节里欣赏落雪……不要说自己更喜欢春天还是秋天，夏天和冬天也是命运对我们的馈赠。相比起那些看不到一年四季的人来说，你要庆幸自己拥有如此分明的四季，也可以在一年里感受不同的温度、欣赏不同的风景。当心态从容，你的世界也将变得从容。

现实生活中，很多人都会陷入欲望的深渊，总是想要得到太多，总认为得到的太少。不得不说，这样糟糕的心态正是失去幸福的根源。对于所有人来说，改变心态需要非常积极的态度，因为只有积极主动地调整心态，才能最大限度地接纳一切，获得更好的生活。所以，在现代社会，如果没有运气含着金汤匙出生，你就要给自己好心态，先生存、后发展，让自己在成功的道路上不断地努力进取，获得长足的进步。

面对生活的困境，很多人会觉得走投无路，他们犹如困兽在残酷的现实世界的囚牢中冲撞，唯独不知道自己应该怎么做，才能找出一条生路。其实，出路就在每个人的心里，要当那个敢于吃螃蟹的人，才能让生活处处有生路。

　　在一家公司里，领导派出一个销售员去非洲开拓市场，销售皮鞋。销售员才去了非洲没多久，就赶紧给领导打电话："领导，非洲没有销路，非洲人是不会买皮鞋的，因为他们不管是男人还是女人，也不管是老人还是孩子，全都习惯了赤着脚走路。"在给领导汇报完工作之后，销售人员当即买机票打道回府。就在此时，另外一家公司也派出销售员去非洲，到了非洲之后，销售员非常高兴，给领导打电话："领导，这里市场非常好，前景一派广阔。这里的人们从来没穿过鞋子，就算每个人只买一双鞋，也够咱们大卖很多年。"就这样，销售员驻扎在非洲，开始销售皮鞋，后来还成为鞋厂在非洲分部的总经理。不但鞋厂利润大增，销售员在事业上也到达了巅峰。

同样是面对非洲市场，为何第一个销售员的判断是连一双鞋子也卖不出去，第二个销售员看到的却是销售前景非常广阔，一定会卖出去很多鞋子呢？这是因为他们的心态不同。非洲人是否穿鞋的情况没有改变，第二个销售员有坚定不移的信念，要把鞋子卖给非洲人，要改变非洲人一直以来习惯于赤脚走路的习惯，所以才能大获成功。而第一个销售员看到的是困境，甚至是绝境，因而心中绝望，打道回府。

　　在人生的道路上，我们也常常需要面对各种各样的境遇，有的境遇下，我们会看到更多的希望；有的境遇下，我们会看到更多的绝望。如果一个人看到的只有绝望，那么他无论如何也不可能开拓人生的崭新天地。一个人只有心怀希望，才能拥有"柳暗花明又一村"的人生。

保持理性，人生不需要扬扬得意

从国家开始推行独生子女政策，到 2016 年"国家提倡一对夫妻生育两个子女"，在此期间，大多数中国家庭里只有一个孩子，孩子们从小在父母的关爱与呵护下成长，过着衣食无忧、衣来伸手、饭来张口的生活，他们从来不为生计发愁，渐渐地形成了以自我为中心的思想。即使有一天走出家门，他们还是会优先为自己考虑，而很少会为他人着想。他们得意的时候会很张狂，失意的时候就很沮丧绝望，这是因为他们对于人生的承受能力很弱，既缺乏韧性，也缺少弹性。

人生总会有各种境遇，这样的人生才更加精彩。如果大海之中没有巨浪翻滚，那么大海的魅力就会减少；如果沙漠中没有飞沙走石，就会变成普通的地方，不再有"大漠孤烟直，长河落日圆"的壮观景色；如果人生只是两点一线的直行道，纵然能以最快速度到达梦寐以求的终点，又有什么意义呢？人生最重要的是过程，而不仅仅是一路飞奔直奔终点。如果说人生是一趟旅程，那么在旅行期间看到的景色就是最美的。当然，既要欣赏美景，也要承受过程中的一切挫折与磨难，才能让人生变得厚重精彩，无可取代。

也有一些人的承受能力很差，稍有不如意，就会把所有情绪都写在脸上。不得不说，这样的人如同玻璃人一样透明，只会让自己陷入更加被动的局面。

人固然不要有过深的城府，却也要"不以物喜，不以己悲"，从容不迫，淡然镇定。有的时候，转机就在不经意间到来。只有准备充分的人才能得到机会。为此，我们要时刻做好准备，才能在机会来临的时候准确地抓住。

王凯毕业于名牌大学，找工作的时候非常顺利。在一家五百强企业，王凯顺利地通过初试、复试，获得了面试的机会，但是在此时，王凯却放弃了面试。同学们不解地问他原因，他淡然地说："我肯定还能找到更好的工作！"这话语尽管平淡无奇，但是其中蕴含着的自信甚至自负扑面而来。

后来，王凯又参加了另外一个大企业的招聘。这家企业用人要求很高，所以录取率非常低。同学们都为王凯加油，王凯不以为然："没关系，他们总是想用真正有才的人！"果然，王凯的才华在这次严苛的面试中得以展现，他不但通过了初试、复试，而且在面试环节中脱颖而出。马上就要进入最后一轮总裁面试了，王凯喜形于色。总裁面试要从仅剩的 10 个人中选择 6 个人，王凯暗暗想道：我过五关斩六将都不害怕，还怕这 10 个人选择 6 个人吗？况且总裁也是人，我只要用心表现，总是能够获得成功的。

王凯的想法不知不觉间流露在他的脸上，总裁看到 10 个人之中有 9 个人都表情严肃，严阵以待，唯独王凯神情自负，似乎胜券在握，为此先在心中就把王凯淘汰掉了。在面试过程中，王凯被安排在最后。前 9 个人都进去面试了，但是到了王凯的时候，总裁助理遗憾地通知王凯："对不起，王先生，总裁已经选择了 6 个人作为我们公司的正式员工，期待下次有机会与您合作。"连总裁的门都没有进去，就被总裁淘汰掉，王凯不甘心，请求助理给他机会与总裁见一面，甚至大言不惭地对助理说："说不定总裁见到我就改变主意了呢！"助理笑着说："总裁识人无数，在你没有进门的时候，就已经决定淘汰你了。"王凯听后沮丧不已。

眼看马上到手的工作机会，王凯就这样轻易失去，这与他的自负有很大的关系。一个人自信没有错，但是如果过于自负，就会在成长过程中陷入很大的困境，也会阻碍自身的发展。得意时不张狂，是作为一个人最基本的素质和涵养，遗憾的是，现实生活中有很多人一旦得意，就马上变得张牙舞爪，不可一世。

所谓人外有人，天外有天，一个人即使再优秀，也不可能成为世界第一。一个明智的人，任何时候都不要觉得自己是全世界最优秀的，唯有怀着谦逊的心态，才能在成长过程中保持进步。尤其是在职场上，一个人不管能力多强，学历多高，就算是公司里的元老级人物，都要保持谦虚低调，这样才能维持良性发展和长足进步。

古代兵法中，就曾经提出要"胜不骄，败不馁"，这个道理同样适用于现代社会的生活和职场。一个人唯有客观公正地认知自己，才能最大限度地提升自身的能力，也才能做到扬长避短，这样一来，就能始终保持强劲的进步势头。俗话说，"笑到最后的人才是笑得最好的人"。你，能笑到最后吗？

在人生路上怀着淡定的心

世间事，最怕认真二字，一旦认真，很多原本做不到的事情做到了，很多原本希望渺茫的事情也变得有希望了。认真固然有很多的好处，但是也有很多的弊端。例如，一旦过于认真，很多不必计较的事情开始计较了，人与人之间就会变得锱铢必较，人际关系就没有那么和谐融洽。所以，在人生的道路上，我们时而需要认真，时而需要怀着一颗淡定的心，这样才能在成长的道路上努力前行始终坚持进步。

对于每个人而言，在生活中适度认真都是有必要的，可以改变做事情的状态，但是如果过度认真，就会变成较真，导致对于每件事情都斤斤计较，也使得心中生出许多烦恼。其实，生活不是精确数学，而是模糊数学。每个人在人生之中既要学会计算得很精确，也要学会计算得很含糊，唯有如此，才能不断地调整好心态，对于人生既不过度计较，也不矫枉过正。

虽然认真和较真只有一字之差，却失之毫厘谬以千里。认真的人追求真理，尤其在学术研究的道路上，他们的认真精神带领无数人揭露真相，接近真理。而一个较真的人未必有从事科学研究的精神，他们有时关注的是事情的细枝末节，往往会局限于小小的不满意、不如意。所以，每个人都要对生活认真，而不要对生活较真，这样才能坚持对生活抱有最理性的态度，也让自己在成长的道路上有更大的成长和进步。

古人云："水至清则无鱼，人至察则无徒。"这句话告诉我们，鱼儿要想在水中生存下来，水中就要有养分，有浮游生物，也要有一些细菌；一个人如果想结交朋友，就不要把朋友看得过于透彻。人是经不起细看的，因为每个人都有缺点和不足，也有各种各样的局限性和劣根性。在结交朋友的时候，我们要与朋友保持适度的距离，也要对朋友的不足之处睁一只眼闭一只眼，这样才能与朋友更加和谐融洽地相处。举个最简单的例子，为何几乎所有的明星都会有绯闻和负面新闻呢？这就是因为他们是生活在群众的目光之下，也是生活在聚光灯和放大镜之下。所以，明星的一举一动都会成为众人关注的焦点，须知看起来再完美的明星，也根本不可能毫无瑕疵。

作为普通人，我们不想生活在放大镜之下，也不要把自己的眼睛变成放大镜，对别人进行毫不留情的观察和放大。古人云："人非圣贤，孰能无过。"每一个正常人都无法做到毫无瑕疵，既然我们自身就是不完美的，也就不要奢求别人那么完美。常言道："进一步万丈深渊，退一步海阔天空。"在现实生活中，人与人发生摩擦很正常，重要的是既要宽容自己，也要宽容他人，不苛责彼此才能更好地相处。

此外，对于人生，也不要怀有过高的期望。适度的期望能够激励人们不断努力和进取，过高的期望则让人在拼尽全力也无法实现之余，还会感到心力交瘁，无法承受压力。所以，人一定要有自知之明，要为自己设定适度的目标。所谓适度的目标，指的是目标既不过高，也不过低，而是在刚刚好的高度。过高的目标让人沮丧，过低的目标无法对人起到激励的作用，适度的目标让人必须努力一下才能够得到，这样一来才能起到激励人们不断进步的作用。人生短暂，如同白驹过隙；人生漫长，长得似乎到不了头。每个人都要珍惜宝贵的光阴，享受生命的馈赠，也感悟生命的真谛。"宠辱不惊，闲看庭前花开花落；去留无意，漫随天外云卷云舒"——尽管这样的境界不是每个人都能达到的，但是我们要尽量淡然、从容，如此才能尽情享受人生，也获得更多的幸福和快乐。

第四章 不忘初心方得始终，唯有坚持到底才能创造奇迹

坚持意味着需要不忘初心，需要在烦乱的现实世界中始终保持本心，也需要在成长的道路上排除万难，砥砺前行。坚持了就一定会有好的结果吗？很多时候，即使坚持，也未必能够如愿以偿，所以我们还要在坚持之后承受失败的打击。但是放弃绝对没有好的结局，更与成功彻底绝缘。既然一定要选择，也注定要去拼搏，不如就选择坚持，至少这样成功的胜算更大，也有更多可能去创造生命的奇迹。就算失败，还能得到宝贵的经验，何乐而不为呢？

只有自己，才能真正成就自己

古今中外，有很多人获得了伟大的成就，青史留名。这样的成功璀璨夺目，令人羡慕。然而，无数人看到成功者人前的光鲜亮丽，却从未想过成功者在成功背后付出了什么，流过多少血汗。作为一个同样渴望着成功的人，不要像一个漫不经心的看客那样去揣测成功者一定独具天赋或者得到了命运的青睐，所以才能轻轻松松获得成功；而是要想到成功者艰苦卓绝的努力，在失败即将到来时咬紧牙关的坚持，这样才能从成功者的身上学习到更多，也汲取他们精神上的力量。

曾经有心理学家经过研究发现，大多数人的先天条件相差无几，之所以有的人总是与失败纠缠，有的人却能获得万众瞩目的成功，不是因为成功者有得天独厚的条件，只是因为面对失败的态度截然不同。大多数与失败结缘的人，在面对失败的时候很容易放弃，他们颓废沮丧、一蹶不振。而成功者在面对失败的时候，总是能够认真地反思自己，从而从失败之中总结经验和教训，也让自己踩着失败的阶梯不断地努力向上。此外，哪怕遭遇致命的打击，只要还有机会去尝试，他们就绝对不会放弃。很多人都喜欢看好莱坞的大片，也对好莱坞硬汉史泰龙、施瓦辛格等有深刻的印象，这是因为这些硬汉塑造的都是非常顽强的英雄形象。他们并非在剧情一开始就是高大上的形象，甚至在电影进行到高潮的时候，他们所扮演的角色还会被敌人打得落花流水，但是他们在精神上非常强大，绝不轻易认输，这使得他们在最后一刻能够反败为胜，完成任务。随着剧情的发展，观众的心也揪了起来，为他们担忧和着急。当看到英雄最终获得成功，观众也获得极大的满足。不得不说，这是编剧和导演抓住了观众的心，也是扮演角色的演员把这种绝不放弃、英勇顽强的精神发挥到极致的表现。

现代社会，随着经济的发展，生活的节奏越来越快，职场上的竞争日益激烈，很多人都对自己的现状不满，也对命运感到愤愤不平。他们抱怨上天没有给自己一个好爸妈，让自己一出生就含着金汤匙，也抱怨自己总是没有好运气，做什么事情都不能一下子就获得成功。总而言之，他们抱怨的东西很多，这是因为他们有一颗喜欢抱怨的心，也因为他们的内心充满了戾气。这个世界从没有一蹴而就的成功，也没有天上掉馅饼的好事情，每个人要想在人生中有所成就和发展，就必须非常努力，而且要坚持不懈，轻易就放弃的人永远也看不到胜利的曙光。

在出生之前，我们没有办法选择父母，所以不要抱怨自己的爸爸不是马云。与其花费宝贵的时间去抱怨这些无法改变的事情，不如调整好心态，把用来抱怨的时间用去努力拼搏和奋斗，用去悦纳人生。当你的心态改变，意识到每个人的命运都掌握在自己的手中，你就会当机立断开始努力，而不会总是怨天尤人，错失原本到了手边的机会。

从现在开始，就让我们成为命运的掌舵手，勇敢地掌控命运之舟，成为人生的强者，驾驭人生。唯有如此，你才能得到精神上的强大和满足，也才能拥有向往和可以掌控的人生！

学会放空，才能学会接纳

人的心就像是一个容器，容量是有限的。当人心之中容纳了太多的负面情绪，就没有空间去容纳积极、乐观的正面情绪；当人心之中充满了抱怨，就没有空间去感恩、感激和奋发向上。所以，我们可以用心去容纳很多，却要注意不要把心装满。有的时候，如果觉得自己心中的负面情绪太多，我们还可以有的放矢地去整理心的空间，把心腾出更大的地方来容纳积极的情绪。

不仅人心如此，人生也是如此。现实生活中，有很多人都被物质的欲望驱使着向前奔跑，为了赚取更多的钱，得到更高的官位，获得更大的权利，他们无所不用其极，只想要不顾一切地实现目标。然而，这些身外之物固然重要，却不是人生的终极目标。要想获得幸福的人生，避免自己成为一个追名逐利的躯壳，我们就要学会舍弃。在欲望的深渊中，被欲望驱使的人沉沦其中，永远也到不了底；只有能够驾驭欲望的人，才能凌驾于欲望之上，始终牢记自己到底需要怎样的人生。

前文说过，时间对于每个人都是公平的，每个人的时间和精力都是有限的。如果花费很多的时间和精力去挣钱，就必然没有时间休闲；如果花费太多的精力在官场上左右逢迎，就必然没有时间去陪伴家人。所以，人生总是要有所取舍，有人说人生是一个不断犯错的过程，也有人说人生是在攀登台阶，实际上人生就是由一次又一次选择组成的。没有人能够保证自己在每一次选择中都是正确的，但是人生一定不能犯的错误是本末倒置。有很多大富豪花费太多的时间去赚钱，直到生命垂危的那一刻才想到自己错失了生命中最宝贵的东西。所以，真正明智的人会放下，他们能够控制欲望，让自己的生活更加简朴，这样一来他们才有更多的时间和精力去满足自己的精神和情感需求。

　　小雅是一个特别爱干净的女孩，她总是把自己的衣柜收拾得干干净净、秩序井然。小雅对待工作也非常认真负责，总是把工作做得很好，从不敷衍了事。但是小雅也有一个缺点，她是个不折不扣的月光族，总是喜欢买漂亮的衣服、奢侈的包包和化妆品。虽然作为高级白领的小雅工资很高，她还是过着"前半个月买买买，后半个月勒紧裤腰带"的日子。有的时候，妈妈提醒小雅要积攒一些钱，以备不时之需，小雅总是不以为然："钱就是用来花的啊，花完了再挣，每个月到时间就会发了。"为此，小雅从来不攒钱，照旧是个潇洒的月光族。

　　这段时间，经济不景气，公司里突然决定裁员。小雅也在被裁之列，这让没有积蓄的小雅瞬间慌了神。失业之后，小雅很长时间都没有找到合适的工作，看到衣柜里堆积如山的名牌衣服、包包和没有开封的化妆品，小雅感到很懊丧：如果当初不是这么买买买，而是积攒更多的钱，如今就可以从容地找工作，经济也就不会这么紧张，甚至连房租都要交不上了。后来，小雅不得不向父母求助，得到经济支援后才度过这段找工作的日子。经历了这次危机之后，小雅再也不觉得钱花完还会来，而是意识到如今的就业形势严峻，必须要充实自己，才能适应时代的进步和发展。小雅再也没有无限度地花钱买各种东西，她清空自己的内心，降低自己对于物质和金钱的欲望，把更多的关注点放在提升和完善自己方面。经过几年的

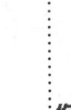
努力，小雅在工作上有了很大的进步，也有所成就。

对于小雅来说，如果不经历由于失业引起的经济危机，她也许永远不会认识到妈妈所说的是对的。正是因为有了亲身经历，小雅才能舍弃自己对于衣服、包包和化妆品的过度追求，从盲目消费到理性消费，既满足自己的合理需求，也能够做到适度积蓄，积极地学习以提升和完善自己，从而让自己在职场上有更好的发展和成长。

在现代社会，消费是没有限度的，一件衣服少则几十元，多则上万元，甚至十几万元。对于普通人来说，一定要养成理性消费的好习惯，而不要盲目追求名牌。一个人的消费，应该与他的收入水平相匹配，否则就会被消费所累，也会因为不合理的消费影响正常的生活。人的心是一个有限的容器，当被物质与金钱充满，也就没有更大的空间容纳精神与情感。

现代社会，有太多的人都被物欲驱赶着往前奔跑，却在茫然之中忘却了自己的初心。不要等到失去了健康，才意识到健康比金钱更重要；不要等到错过了孩子的成长，才意识到陪伴孩子比工作更重要；不要等到父母已经离开人世，才意识到少工作几天回家多陪陪父母更重要……人生之中，有太多东西都比金钱与物质更重要，只有想清楚自己想要怎样的生活，也坚持奔向自己所要的幸福，才能不在人生的道路上跑偏。

你真的知道自己是谁吗

　　还记得成龙曾经出演过一部电影，名字叫作《我是谁》。在这部电影中，成龙扮演的角色因为失去记忆，所以根本不知道自己是谁，他到处询问别人自己是谁，也为寻找自己的来路和真实的身份吃尽了苦头。人生之中，很多人都没有失忆的经历，他们却不知道自己是谁，这是对于自我的迷失，也是由对于人生的迷惘导致的。

　　在漫长的历史长河中，在宇宙的浩渺无边中，每个人都如同沧海一粟，转瞬间就消失得无影无踪。而人曾经走过的巍峨青山和悠然绿水，却依然存在，从来不曾消失。所以，和人短暂的生命相比，有些客观存在的事物更加长久，甚至亘古不变。人应该追寻生命的意义，而不要为了在与人比较的过程中胜出，就不顾自身的实际情况盲目地与人攀比，努力想要达到别人的高度，却总是在比较之中迷失自我。不得不说，这是人生非常糟糕的状态。要记住，人生不但需要面子，更需要里子，因为面子只是给别人看的，里子才是给自己的，里子也密切关系到自身的生活。即便如此，现实生活中总有一些人只顾面子，不顾里子，最终导致面子没有了，里子也失去了，贻笑大方。

　　大学毕业后，作为好朋友的静静和李娟各奔东西，静静背起行囊去了大城市打拼，李娟则回到家乡小县城当了一个小小的公务员，

过着朝九晚五、岁月静好的生活。

　　毕业后第一年回家，静静和李娟相聚，看起来，李娟很朴实，静静则明显带着大城市的气息，就像一个白领那样光鲜亮丽。听说李娟一个月才两千多元的薪水，静静表示很惊讶，假装大方地对李娟说："这薪水也太低了，我才进入公司多久，就有八千多元的月薪。"看到李娟非常美慕自己，静静还拍着胸脯大言不惭地保证："放心吧，你到时候如果买房子有困难，就和我说，反正大城市房子贵，我一时之间也买不起，你肯定买房结婚都比我早，我就先把钱给你用。"得到静静这句话，李娟当即举起酒杯和静静干杯，先提前感谢静静。其实，静静没有告诉李娟，她在单位附近租住着地下室，每顿饭都吃最便宜的便当，她说的八千多元工资是包括各种福利的，而她每个月拿到手的现金只有五千多元，过得远远没有在小县城里到手两千多元的李娟舒服。

　　半年多过去了，李娟认识了男友，因为彼此都在适婚的年纪，所以他们很快就开始商议结婚的事宜。既然要结婚，就要买房，男友的意思是先买套两居室住着，等到条件好了再换，李娟的意思是一步到位买个三居，这样有了孩子之后，老人也好住在一起帮忙看孩子。男友认为钱紧张，李娟拍着胸脯保证："没关系的，我的好朋友可以借钱给我用，至少也能借个几万块吧！"接到李娟借钱的电话，静静支支吾吾不知道该怎么拒绝，又不好意思告诉李娟她根本没有积蓄，只好说自己把钱存了一年期的理财，取不出来。

　　因为静静没有兑现承诺，导致李娟在男朋友面前丢了面子。很长一段时间，李娟对静静都爱答不理，静静自知理亏，李娟结婚的时候，她发了一个大红包给李娟，而没有回家参加婚礼。直到几年之后，静静对李娟说了真实的情况，与李娟才重新亲近起来。

不管什么时候，都不要因为爱面子说大话，尤其是对于关系亲近的家人、朋友，一定要更加坦诚。否则，你说了大话，别人却当真了，当你不能兑现承诺，就会让别人很被动。

现实生活中，有太多的人爱面子，为了面子完全忘记了自己的真实能力和水平，就把大话说出去，而等到兑现承诺的时候无论如何也做不到，结果导致自己很尴尬，也因为被朋友误解而得罪朋友。这样的结果，远远不如坦诚面对他人，承认自己能力有限来得更好。

爱面子本身并没有错，但是我们不能让面子成为一种负担，更不要因为爱面子就在别人面前"猪鼻子插大葱——装象"。任何时候，假的就是假的，永远也不能变成真的。与其让不能兑现的承诺给自己加重负担，不如有意识地表现出自己的真实面目和水平。脚踏实地前行，坦率真诚地与人相处，反而内心轻松，也会获得更多理解、信任与尊重。

错过了太阳不要哭泣，否则就会错过群星

人生不如意事十之八九，在人生旅程之中每个人都会面临各种各样的困境和不如意，也常常会因为没有达到预期目的而感到内心焦虑不安。当你因为错过了太阳而哭泣，你就会连群星也错过了。人非圣贤，孰能无过，在成长的道路上，很多人都会犯错误，这些错误有些是可以避免的，有些是人力不能控制的，所以要学会放下。对于可以改正的错误，要从错误中汲取经验和教训，保证同样的错误不会再犯；对于不能改正的错误，就要调整心态坦然接受，勇于承担后果，这样才能及时地放下错误，勇敢地面对未来的人生。

有一位教授在给学生上课的时候，一言不发拿着一杯牛奶走上讲台，然后将牛奶打翻在地。学生们都很惊讶，不知道教授的葫芦里卖的是什么药。教授对学生们说："这杯牛奶被我打翻了，你们有何感想呢？"有的学生说要赶紧找工具打扫卫生，有的学生说可以采取化学方法，用特殊的物质与牛奶发生化学反应，从而起到清洁地面的效果。学生们众说纷纭，教授笑而不语。最终，在学生们都发表高见之后，教授笑着说："我只是想告诉你们，任何时候，都不要为打翻的牛奶而哭泣，而是要做好自己该做的事情。接下来，我们该做的事情就是上课。"学生们这才理解教授的苦心。

当牛奶已经打翻，不管你多么懊丧，牛奶也不可能再回到瓶子里，所以不要为打翻的牛奶而哭泣，而应该做自己该做的事情，这样才能减少损失。及时止损，才能避免耽误接下来的进程。

人非圣贤，孰能无过。在生命的历程中，每个人都会犯错误，也可以说犯错误是每个人不可避免的成长经历。有的人会忘记考试的时间，有的人会忘记约会的日子，有的人会忘记配偶的生日或者自己的结婚纪念日，有的人会错过一次重要的会谈……这些错误的后果各不相同，有的后果严重，有的后果没有那么严重，甚至不值得计较。这些错过的事情也许会给人生带来无法挽回的损失，也许会让人生更加幸运。只有怀着平静的心面对人生中的各种意外，或者是惊喜，或者是惊吓，才能以更加从容的姿态在人生的道路上行走。

得知有一家实力很强、规模很大的用人单位要来校园里进行校招，同学们蜂拥而至准备投递简历。在约定的日子里，张哲因为去当家教回到校园有些晚了，所以在赶到招聘会现场的时候，他只能排在后面。等到招聘主管出现，前面的同学一拥而上，把招聘主管围得水泄不通。张哲在最后，想着反正自己也挤不到前面去，就一直拿着简历在一旁等待。

在等待的间隙里，张哲发现有一个中年人在招聘礼堂的门口徘徊，为此他走上前去，礼貌地问："您好，您是需要帮助吗？"中年人惊讶地看着张哲："没有，我只是在等人，谢谢你的关心。你为什么不去投递简历呢？"张哲笑着说："这样一拥而上不太好，我想等先来的同学投递完简历，再过去和招聘主管沟通。"中年人连连点

头，对张哲说："你可以把简历给我看看吗？"张哲礼貌地双手递上简历，中年人看完之后，对张哲说："你可以不用等着递简历了，请你在下周一去公司面试，就说找我即可。"说着，中年人还递了一张名片给张哲。张哲微微弯腰双手接过名片，看到名片上赫然写着总经理三个字。张哲惊喜不已："原来，您就是这家公司的总经理啊，我真是太荣幸了！"总经理笑着说："我和你一样来晚一步，都被拥挤的人群堵在外面，所以才成就了我们的缘分！"张哲也会心地笑起来。

如果张哲来得很早，那么就和其他同学一样拥挤在一起，环绕在招聘主管的身边，当然就没有机会认识公司的总经理。当然，这也得益于张哲没有离开，也没有抱怨，而是一直在旁边等待着，想等到同学们都散去之后再去和招聘主管见面。而且，张哲很热心，在看到不是同学的中年人在徘徊之后，他主动上前询问对方是否有需要帮助的地方，这样友好的态度，才能给总经理留下良好的印象。可想而知，有了这样的互动作为基础，张哲去招聘公司面试也一定会非常顺利。

人生之中，总有些"无心插柳柳成荫"的事情发生，有人将其归结为好运气，却不知道要想拥有这样的好运气，需要摆正心态，随时做好准备，这样才能抓住千载难逢的好机会，否则，总是在不如意的时候抱怨或者轻易放弃，那么好运气即使降临，沮丧绝望的人也很难抓住。

只要心态好，错过也有可能是一次收获。例如，在爱情之中，人们常常因为错失喜欢的人而懊丧，却也常常发现继续沿着生命的道路往前走，就那么幸运地认识了人生的另一半，时间刚刚好，不早也不晚，脾气秉性也很投合。我们常常将这样的巧合称为缘分，却更要意识到这种刚刚好的缘分是彼此都坚持等待的结果。你怎样面对生活，生活就会怎样面对你。记住，任何情况下都不要轻易放弃，坚持和等待，才能得到生活的馈赠。

走下去，你才知道脚下的路有多美

在旅行的过程中，你一定有过这样的经历：来到一个景点，发现一切并没有在图片上看到的那么美丽，为此你感到有些失落，却又不甘心马上折返。于是你坚持往前走去，这才发现前进的每一步都能带你进入不同的景色之中，越来越多的惊喜，也让你专心致志地欣赏起眼前的美景来。你不由得庆幸：幸好我坚持往前走了，如果刚才就回头，就错过了这一片美景。

很多人在人生之中都会犯一种错误，那就是放弃。在心中有了一个绝妙的主意之后，他们并没有在第一时间就把这个主意付诸行动，而会认真地思考这个主意是否可行，结果想着想着，难免会因为设想到各种可能出现的糟糕结果而瞻前顾后，直到最终彻底放弃了去实践原本的好想法。这意味好想法变成了空想，毫无意义。

在决定做一件事情之前，未雨绸缪设想一下可能出现的情况是好的，但想得太多，就会变成杞人忧天，也会导致自己在行动之前束手束脚，甚至因此而取消行动。可想而知最终的结果虽然是避免了失败，但也彻底失去了成功的可能性，注定一事无成。

从辩证唯物主义的角度来看，任何事情都有两种可能的结果，一种是成功，一种是失败。有人会预估成功和失败哪种可能性更大，实际上，成功与失败的可能性都是各占50%，而一旦结果出现，成功就是100%成功，失败就是100%失败。因此，对于任何一个美好的设想，在进行衡量的时候都不要奢

望它成功的可能性会是 100%。在想清楚有可能出现的结果之后，也告诉自己要承担后果，接下来就要坚定不移地去做。唯有如此，才能为了成功全力以赴去努力，也才能无怨无悔承担一切的后果。如果成功，当然皆大欢喜；如果失败，至少也从中总结了经验和教训，也是难能可贵的收获。

众所周知，爱迪生是伟大的科学家和发明大王，在一生的时间里发明了很多东西。他最伟大的成就之一就是发明了电灯，给整个世界带来光明。然而，很少有人知道爱迪生在发明电灯背后的辛苦和付出。为了找到合适的灯丝材料，爱迪生尝试了一千多种材料，进行了七千多次实验。有一次，实验又失败了，助理沮丧地说："这样总是失败，什么时候才能找到合适的材料作为灯丝使用呢？"爱迪生鼓励助理："没关系，这次实验虽然失败了，但是我们至少知道了这种材料是不适合做灯丝的，这也就意味着我们距离成功更进了一步。"在爱迪生的鼓励下，助理才鼓起勇气继续和爱迪生一起努力做实验，孜孜不倦，永不放弃。正是因为有这样的精神作为支撑，爱迪生才能成为电灯之父。

做任何事情都是要承担风险的，所以我们要做的不是绝对规避风险，而是要预估风险，之后做好承担风险的准备，勇往直前地努力。如果一个人做事情总是前怕狼后怕虎，没有决绝的勇气和当机立断的行动力，也就意味着他不可能获得成功。

有些困难并不一定始终存在。例如，我们在计划做一件事情的时候，会预想到困难的存在，但是在真正切实去做那件事情的过程中，客观外部环境也有所改变，所以困难也许会变大，也许会缩小，也许会不复存在。因而，我们既要有未雨绸缪的精神，也要随机应变。对于任何事情来说，如果我们不切实去做，不真正付出努力去往前推进，就永远不知道结果将会如何。

第五章 唯有努力奋斗，你才能得到生命无私的馈赠

在人生道路上，有很多人很顺遂如意，得到生命的馈赠，因而时常感受到生命的喜悦。有些人则没有这个好运气，常常被命运捉弄，也经常会在与命运博弈的过程中，倍感艰辛。面对人生，要有一种勇气：世界以痛吻我，我却回报以歌。唯有拥有这样的心胸和气度，才能在人生道路上勇往直前，绝不畏惧和退缩，也必然得到生命无私的馈赠，拥有更多的幸福美好。

以梦想作为罗盘，人生勇往直前

梦想之于人生，就像翅膀之于鸟儿。没有翅膀，鸟儿就无法在天空中飞翔；没有梦想，我们就无法在人生的天空中飞翔。所以，每个人都要有梦想，也要以有高度的梦想支撑起人生更为广阔的天空，这样才能在实现梦想的过程中追逐人生，也才能在不断努力和进取的同时，让自己的人生上升到一个新的高度。

很多人对于人生感到困惑，不知道自己到底想要怎样的人生，也总是为自己在人生中遭遇的挫折磨难坎坷感到无助。这样的人总是浑浑噩噩，虚度宝贵的光阴，归根结底，是因为他们缺乏人生目标的指引，也就无法确定人生的方向。有过航海经验的人都知道，在辽阔无边的大海上，如果没有罗盘的指引，即使是经验丰富的水手，也无法顺利到达目的地。

梦想就是人生的罗盘，要想提高人生的效率，要想让自己在成长的道路上始终勇往直前，砥砺前行，就要更加坚定不移地走好属于自己的人生道路，而不要总是在困惑和迷惘中徘徊。在梦想光辉的照耀下，哪怕我们遇到坎坷挫折，遭遇狂风暴雨，也可以继续前进。由此可见，梦想不但为人生指明方向，也为人生提供充足的动力，让人生始终都能坚持向前，绝不懈怠。

很多人都知道拿破仑说过的一句话，"不想当将军的士兵，不是好士兵"。也有很多人用这句话来激励自己努力进取，用这句话支撑自己在梦想的道路上执着前行。举个简单的例子，同样作为学生，如果一个学生有梦想，有明确的目标和方向，而另外一个学生没有梦想，总是懵懂度日，那么即使这两个学生同样辛苦努力地学习，前者的学习效率一定比后者更高，前者的进步幅度也会比后者更大。长此以往，前者在学习方面的成果也会远远超过后者。所以，不管做什么，我们都要有梦想，因为不忘初心，方得始终。

在美国历史上，黑人的地位一直很低，尤其是在种族歧视严重的情况下，黑人几乎没有机会从政。纽约历史上，罗杰·罗尔斯是第一位成为市长的黑人，也因此被更多的人所铭记。

和大多数黑人一样，罗杰·罗尔斯也出生在贫民窟。在贫民窟里出生的黑人孩子，似乎从一出生就被烙上深刻的印记，被视为低人一等，也被剥夺了与白人孩子在同一起跑线上努力和奋斗的机会。为此，很多黑人穷尽一生都在贫民窟生活，他们已经心如死灰，也从未想过要改变自己的命运。罗杰·罗尔斯却不同，他不愿意认命，下定决心要改变自己的人生。

在读小学期间，罗杰·罗尔斯幸运地遇到了一位好校长。这位校长给了罗杰·罗尔斯更多的信心和勇气，甚至告诉罗杰·罗尔斯："你将来一定会成为纽约市的市长。"从此之后，罗杰·罗尔斯就把当纽约市市长作为自己的人生梦想，为了这个梦想，他历经磨难，足足奋斗了40年的时间。后来，他如愿以偿成为纽约市市长，也成为纽约历史上的第一位黑人市长。

从罗杰·罗尔斯的经历上我们不难看出，一个人只要有梦想，并且为了实现梦想而不懈努力，梦想终究会善待他，使他的人生变得更加圆满。还记得史泰龙吗？作为好莱坞硬汉，史泰龙最初踏足演艺圈的时候一点儿也不顺利。史泰龙的面部有偏瘫，这导致他的表情非常僵硬。为了进军好莱坞，他先是去好莱坞打杂，一直没有得到机会，他又自己写剧本四处推销。好莱坞大概有

500 名导演，他拿着辛辛苦苦写出来的剧本拜访导演，整整拜访导演 3 轮，都没有得到认可。直到第 4 轮拜访中，有一位导演答应给史泰龙一个机会，最终史泰龙借此机会成名。

还有大名鼎鼎的肯德基老爷爷，在当年推销炸鸡配方的时候也总是遭遇闭门羹，如今他的形象却遍布全世界。所以，每个人心中要有梦想，人生才会有方向。失去梦想的人总是缺乏动力和斗志，在面对挫折的时候也无法鼓起勇气一往无前。生活是自己的，梦想是自己的，奋斗也是自己的。我们必须以梦想为罗盘，才能驾驶人生的船驶向彼岸！如果你不迈出第一步，你就不知道原来有的时候如此轻易就可以实现梦想，你怎能错过这样的机会呢？

奋斗的力量，是相信的力量

在确定梦想是人生不可缺少的翅膀和罗盘之后，你还需要什么才能成功呢？如果说梦想是人生的指导思想，奋斗则是人生的力量源泉。再好的梦想没有行动力和执行力作为支撑，也只会变成空想，对于人生毫无意义。

当然，这并不是说梦想不重要，而是说梦想是人们从思想出发，迈向成功的第一步；实际行动则是人们从行动出发，迈向成功的第一步。由此可见，梦想和奋斗是成功必不可少的步骤和影响因素，一个人唯有怀揣梦想也坚持努力奋斗，才能距离梦想越来越近。

现代社会发展的速度非常快，很多人在快节奏的生活中渐渐迷失了自己，人云亦云，盲目从众，而忘却了初心。其实，一个人最大的成功不是活成别人的样子，更不是活成别人所期待的样子，而是活成自己的样子，活出独属于自己的精彩。如果没有梦想的指引和切实奋斗的动力，人生就会陷入各种被动的状态之中，也会因为一些小小的困境和障碍就裹足不前。

阿雅的学习成绩一直很普通，为此在班级里，阿雅从来都是被遗忘者，既不像尖子生那样被老师宠爱，也不像差等生那样给老师添麻烦。渐渐地，老师似乎都忘记班级里还有个阿雅的存在了。

高三开学，文理科重新分班，阿雅喜欢文科，分在文科班。班里有一部分同学是熟悉的，还有一部分同学是其他班调来的，为此老师让同学们进行自我介绍。阿雅特别喜欢看语文课本，在其他同学进行自我介绍的时候，她一直在看课本。原本以为不会那么快轮到自己，当听到同学喊自己的名字时，阿雅突然从书中被惊醒，条件反射般地站起来说："我叫阿雅，我喜欢读书，想考入北京大学。"听到阿雅的话，同学们都忍不住笑起来，阿雅这才意识到自己情急之下说错了话：像她这样的成绩，怎么能考上北京大学呢？然而，阿雅的确一直很想考入北京大学中文系。回到家里，妈妈已经听到好事的同学父母说了阿雅要考北京大学的事情，阿雅赶紧对妈妈解释："我是不小心胡乱说的。"妈妈淡然地对阿雅说："怎么就不可能呢？现在才是高三开学第一天，只要你努力奋斗，认真学习，一切皆有可能。"看着妈妈坚定不移的眼神，阿雅突然当真了。她当即把手机交给妈妈，从当下这一刻开始调整状态，全力以赴地学习。经过一年的努力，学习成绩平平的阿雅成了班级里的尖子生，虽然她没有如愿以偿考入北大，却考入了南京大学，让所有同学和老师都惊讶和赞叹，也给父母增光。

古今中外，有很多伟大的成功者心中都有梦想的种子。事例中的阿雅，就因为一句无心的话被嘲笑，又因为妈妈的信任而播种下了梦想的种子。正如一位伟人曾经说过的那样，"星星之火，可以燎原"。梦想就像这可以燎原的星星之火，在人们的心中燃烧着，最终让人拥有热情、充满力量。当然，理想总是丰满的，现实总是骨感的，很多人会在奋斗的过程中发现，现实环境是非常残酷的。当现实过于落魄，梦想又该何处安放呢？试问，谁的人生不是跌跌撞撞才能一路走来，谁的成功不是拼尽全力才能看见微光？英雄不问出处，但凡是英雄，都曾经有过一段拼搏岁月，等到成功不期而至，这段拼搏岁月也摇身一变，成了英雄被人顶礼膜拜的资历。

现代社会的年轻人，原本就生活优渥，从来不知道人生的艰难。他们已经习惯了接受父母的照顾和安排，丝毫没有责任心去承担起自己的人生。他们都进入了一个误区，即错误地认为只有寒门才能出贵子，而忽略了自己在顺遂的人生境遇中更应该做出成就。良好的条件不应该成为人进步的桎梏，而应该为人们的努力进取提供更多的助力。

人最大的敌人就是自己。一个人要想在人生的道路上有所突破和创新，就要勇往直前、努力奋斗，尤其是要勇敢地打破旧的自我，才能塑造新的自我。唯有如此，生命才会在重生的阵痛中喷薄而发，产生不可战胜的力量。在神话传说中，凤凰涅槃就是浴火重生，所以我们每个人也要有浴火重生的精神才能拼搏进取，绝不被任何东西束缚住。

常言道，乱世出英雄，有人也因此而遗憾自己没有出生在乱世。这是犯了幸存者偏差的错误，也就是忽略了在和平年代里有多少人做出了辉煌的成就。是否成为英雄，并不取决于你出生的时代，而是取决于你的心。你必须坚定不移地相信自己，激发出自身不断奋斗和努力进取的勇气，这样一来，你才能砥砺前行，不忘初心，也才能打破自我、重塑自我。记住，你的未来，就在你的掌握之中，你要相信自己，才能创造生命的奇迹！

把握方向，人生才能勇往直前

在这个世界上，有的人是先苦后甜，有人是先甜后苦，却从没有人从一出生就有好运气或者从降临人世就特别倒霉。所谓风水轮流转，实际上是在告诉我们命运很公平，它时而眷顾这个人，时而惩罚那个人，它不会把人彻底逼入绝境，而是会在适当的时候给人以绝地求生的机会。

从辩证唯物主义的角度来说，这个世界上从未有一蹴而就的成功，也没有天上掉馅饼的好事情。每一件事情都要一分为二去看待，既有积极有利的一面，也有消极被动的一面，这样才能理智客观地分析问题。在春风得意的时候不张狂，在黯淡失意的时候不沮丧，做到胜不骄、败不馁，始终牢记初心和方向，从而真正到达自己渴望的彼岸。

世界会向那些有目标和有理想的人让路，如果没有好运气含着金汤匙出生，我们就要拥有爱折腾的精神，不断地突破和超越自己，才能成就更美好的人生。记住，未来从来不是梦，我们也应该做好准备，开足马力前行。很多人只看到成功的光鲜亮丽，却忽略了成功者在成功背后付出了多少辛苦和努力。没有任何人的人生会是一帆风顺的，哪怕目标明确、意志坚强，人们也未必不会困惑。所以更要让梦想照进现实，用梦想点燃生命之光。

在现实生活中，当极度疲惫、内心惶惑的时候，常常有朋友们会问自己："我这么做，到底是为了什么？这么辛苦地奔波忙碌，是为了生活得更好，还是为了彻底忘记生活的初衷？"不得不说，这样的成长的确让人倍感困惑，面对人生的困局，我们真的需要静下心来认真去思考，才能不断地突破和成就自我。有人认为生活的内容就是工作，有人认为工作是为了更好地生活，在现代社会的飞速发展和激烈竞争之中，人人都会有这样的困惑，也常常因此而迷失前行的方向。

的确，梦想再远大也不能脱离现实，否则就会变成空想，让人感到非常困惑和无助。只有把梦想和现实结合起来才能在人生的道路上起到积极的推动作用，赋予人们更加强大的力量。所谓"不忘初心，方得始终"，就是要带着梦想走出一条人生的康庄大路。

有一天，苏珊老师对班级里的孩子们说："孩子们，你们的理想是什么？把它写下来，等到若干年以后再来看看。"在老师的启发下，孩子们伏案疾书，在作文本上写下自己的梦想。杜比的梦想是拥有一个属于自己的大农庄，既可以种植各种植物，也可以开发旅游业，让很多人都来到农庄里旅游度假。

在作文讲评的时候，老师赞扬了很多孩子的梦想，唯独对杜比的梦想不以为然："杜比，你的梦想根本不可能实现。所以，你的梦想是一个假的梦想，它实际上是空想。"杜比很伤心，虽然苏珊老师要求他重新写一篇关于梦想的文章，写一个能够实现的梦想，但是杜比宁愿作文成绩不及格，也不愿意重写梦想。

几十年后，苏珊老师即将退休，有一天，她在收拾家里的时候，从储物间里找出了一摞作文本。她突然想起几十年前的一天，自己曾经要求孩子们写下梦想。为此，她把作文分别寄给学生们，让他们确定自己是否实现了梦想。很快，苏珊老师就陆陆续续收到了学生们的回信。有一天，有一辆车子突然停在苏珊老师的门前。原来，那个叫杜比的孩子专程驱车来邀请苏珊老师，他让苏珊老师带领最后一届学

第五章　唯有努力奋斗，你才能得到生命无私的馈赠

生，去他的庄园里做客。

苏珊老师应邀来到杜比的庄园，亲眼见证了杜比实现了自己的梦想。杜比的庄园非常好，而且特别大。杜比感谢苏珊老师曾经让他们写下"我的梦想"，并且说正是从那个时候开始，他就开始为实现梦想做准备。苏珊老师很感动地对学生们说："你们也要和杜比一样敢于做梦，敢于坚持梦想，这样才能把梦想变成现实！"

一个人如果空有梦想却不去实践，那么他的梦想就会变成空想，他对于梦想的执行力也就是零。要想真正实现梦想，就一定要坚持正确的方向，要朝着梦想的目标去努力，哪怕有任何懈怠都不行。

当然，在实现梦想的过程中，我们也要调整好心态，随机应变。很多人特别固执，当现实的情况已经发生了改变，他们却不懂得随机应变，依然固执地坚持已经不合时宜的梦想，这显然是行不通的。最重要的在于，要有的放矢朝着梦想的方向努力，哪怕一步一步去丈量与梦想之间的距离，也要坚持不懈，这样才能勇往直前。绝不向残酷的现实屈服，就会距离梦想越来越近。如果说命运会偏袒一些人，那么它只会偏袒全力以赴向前的人，也只会偏袒排除万难实现梦想的人。

出路，永远只在你的脚下

在现实生活中，很多人都会特别懊丧，因为当生活进展到一定的阶段，他们就会觉得自己的人生陷入了困顿之中，没有出路。其实，这样的感觉是一种误解，因为命运并没有那么残酷，不会完全不给人们出路。现实情况下，出路就在脚下，只在于你是否愿意迈开脚步去行走。

人是群居动物，每个人都需要学会与人合作，才能得到更好的成长和发展。尤其是现代社会竞争这么激烈，个人英雄主义时代已经一去不返，每个人都要激发自身的能量，学会借力，以及把自己融入团队之中，才能获得更加强大的力量；否则，只靠着自己单打独斗，永远不可能找到出路。要想有出路，除了要勇敢地迈开脚步去走之外，还要学会与他人团结起来，发挥团队的力量，集思广益。常言道，"三个臭皮匠，抵过诸葛亮"，说的就是这个道理。

为了为人生寻找出路，不要总是特立独行，也不要总是高高在上。作为唐宋八大家之一的苏轼曾经在《水调歌头》中写道，"又恐琼楼玉宇，高处不胜寒"。原本，苏轼是在描述一种高高在上的状态，放在现实生活中，这句话有了更加深刻和丰富的含义，告诉每个人都要学会联合身边的人，才能拥有更强大的力量，也才能在人生的道路上不断进步。所以，不要抱怨没有出路，出路就在你的脚下，就在你的心里。只有突破自己努力前行，才能随时有出路，

77

也才能处处有出路。

很久以前，有个国王身患绝症，生命垂危，他决定把皇位传给最心爱的小儿子。但是小儿子年纪尚小，国王担心小儿子不能打理朝政，为此想从众多大臣中选出一个作为托孤大臣，辅佐小儿子。如何才能考验这些大臣是否有能力当好托孤大臣呢？国王思来想去，决定以特殊的方法考验这些大臣。

有一天，国王把大臣们召集到一起，带着大臣们来到一扇特别厚重的门之前。这扇门已经存在了很长的时间，从未有人能够推动这扇门。国王让大臣们远远地站着，对他们说："谁要是能推动这扇门，就可以成为一人之下、万人之上的宰相，还会拥有尚方宝剑。"大臣们面面相觑，议论纷纷，都说没有人能推动这扇门。因此，他们只是远远观望，没有任何人愿意走上前去，因为他们都害怕出丑。

这个时候，因为处理政务来迟了的一个大臣，对国王说："国王，我愿意去推动大门。"国王点头示意，这个大臣走上前去推动大门，大门居然很容易就推开了。原来，这扇门并没有人们看起来那么沉重，只是因为这么多年都被尘封，蒙蔽了大家的眼睛和心灵而已。国王当即宣布这个大臣为宰相，还赏赐尚方宝剑给这个大臣。这个时候，其他大臣都愤愤不平："要知道这么容易，谁推不动啊！"国王说："你们的确也能推动这扇门，但是你们被自己的心禁锢住了，面对这个小小的问题就无计可施，将来怎么可能辅佐新皇帝处理好朝政呢！"

国王说得很对，很多人都不是被客观存在的困难吓倒的，而是被自己的心禁锢住了，所以无法从心里走出来。对于大臣而言，他们一定都能推动这扇门，遗憾的是，他们连尝试都没有尝试，就放弃了机会。可想而知，在未来遇到困难的时候或者在面临国家危亡的生死关头时，他们也必然会缩头缩脑，根本不会振奋精神，鼓起勇气辅佐皇帝。

很多时候，出路就在脚下或者就在眼前，我们必须更加坚定不移地走好人生的道路，也鼓起十足的勇气始终坚持向前，才能在成长的道路上收获丰满。否则，一旦自己把自己禁锢住，那么虽然避免了失败，也彻底失去了成功的可能。

在这个世界上，每个人都会有感到孤独和无助的时候，与其自己把自己困死，不如敞开怀抱去接纳这个世界，也学会向他人借力。唯有如此，才能顺利度过很多艰难的时刻，也才能让原本就危机四伏的人生更加顺遂。

第五章 唯有努力奋斗，你才能得到生命无私的馈赠

奋斗，才能如愿以偿得到一切

在最初说起梦想的时候，人们总是斗志昂扬、意气风发，似乎只要自己一发威，就连地球都得跟着震颤一番。然而，等到最初的激情和热情消散，追求梦想人们就会变得懈怠，甚至把梦想当成空想，根本不愿意付出任何努力。记住，在人生的道路上，只有真正的强者才能主宰命运，而那些人生的弱者，除了会怨天尤人之外，根本不会对人生做出更加理性的抉择，也不会产生当机立断的行动力。

不要急功近利。尽管生活从来不会当即给予每个人最丰厚的回报，但是只要内心笃定，以最好的姿态迎接和拥抱生活，我们就可以在奋斗的过程中得到生活最丰厚的馈赠。当然，前提是每个人都必须非常努力。若总是沉沦，则只会距离自己梦想的生活越来越远。所以不要抱怨自己得到的太少，也不要认为自己失去的太多。任何时候，机会都只属于那些有准备的人。如果你从来不曾努力想要得到机会，或者即使得到机会之后也不当机立断地努力，你就没有资格获得成功。记住，奋斗才能得到一切；也要记住，人生如同逆水行舟，不进则退。任何时候，我们都要保持进步的姿态，这样才能坚持不懈，砥砺前行，也才能在成长的道路上充满昂扬的斗志，拥有顽强不屈的精神，获得长足的进步和最快的成长。

作为乒乓皇后，邓亚萍在乒乓球的世界里是当之无愧的天之骄子，是为国家夺得很多荣誉的光荣运动员。在整个运动生涯中，邓亚萍曾经18次获得世界冠军。因此，身材矮小的邓亚萍，赢得了全世界的瞩目，也成为乒乓球坛上不折不扣的"巨人"。

按理来说，在取得这么丰硕的成果之后，邓亚萍退役以后完全可以过安逸的生活，享受人生，但是邓亚萍可不觉得自己的辉煌人生要在退役时戛然而止。让很多人都想不到的是，在退役之后，邓亚萍选择回到大学校园里学习。她彻底忘记了自己曾经的荣耀和光环，也彻底放下了自己作为世界冠军的身份，和莘莘学子一样，坐在教室里，踏上了漫长的求学道路。

因为练习乒乓球，所以邓亚萍的知识功底很差，尤其是英语学习几乎没有基础。为此，她不得不从最简单的英语字母开始学习，通过坚持不懈的努力，终于从清华大学外语系毕业了。不得不说，对于已经习惯了在运动场上拼搏的邓亚萍来说，这是对于自己的巨大挑战，也是人生之中值得骄傲的成功突破。从清华大学毕业后，邓亚萍依然没有满足，她坚持学习，又进入剑桥大学就读经济学。在学习的道路上，邓亚萍对待学习和对待乒乓球一样认真严肃、一丝不苟，所以才能有所成就。

现在的邓亚萍实现了华丽转身，从一名驰骋运动场、夺金18枚的运动健将，到担任某权威媒体的副秘书长，后又担任河南邓亚萍体育产业投资基金CEO。在这些变化中，她付出了不知多少辛苦和努力。邓亚萍的下一站在哪里？看着这个如同风一般的女子，没有人知道她人生的巅峰还会达到多高。

人生最美好的姿态是什么？就是不断进步、持续进取、坚持超越、无数次重生。在大自然里，蛇作为一种软体动物，需要定期蜕皮，才能不断地成

长。金秋时节，很多人都爱吃大闸蟹，却不知道大闸蟹在成长的过程中也需要蜕壳很多次。作为人，其实也在蜕皮的过程中，皮肤的新陈代谢就是蜕皮，只不过很多人都不知道这个过程而已。皮肤的新陈代谢是生理上的蜕皮，而作为一个人要想不断成长，也需要持续突破和超越自己，才能成就和重塑自己。

在古代传说中，凤凰必须浴火重生，才能真正涅槃，获得新生。那么作为人，也要勇敢地突破自我，才能不断成长。就像那么多的世界冠军，当在世界比赛中获得第一名的好成绩时，他们站在领奖台上听到国歌响起，看到国旗升起，总是忍不住潸然泪下。这是骄傲的泪水，也是感动的泪水，那一刻他们一定被拼搏的自己所感动，也为自己为祖国争得荣耀而骄傲。只有他们自己知道，在一次又一次打破自己的纪录时，他们付出了多少辛苦、努力和坚持，那些伤痛依然历历在目，心中的志气和坚持从来不曾褪色。

现代社会，竞争更加激烈，每个人都想出类拔萃，出人头地，却苦于没有出路。其实，出路只属于奋斗的人。一个人如果停滞不前，满足于当下，他们就不可能获得长足的进步和成长。从现在开始，让我们把自己当成泥人，勇敢地去打破自我再重塑，等到有一天你有了最好的成长，相信生命的烈火会让你成为最珍贵的瓷器。你会有坚硬的质地、夺目的光泽，也会有艳丽的色彩，最重要的是你发生了质的改变，你的人生从此卓尔不群、与众不同。

一块土地，总有一粒种子适合它

在无数次努力和辛苦之后，面对没有太大改变的自己，我们常常会感到困惑：命运为什么这么不公平，我明明已经付出了那么多的努力，它却从来不曾眷顾我，就连给我一点点回报都舍不得。其实，不是命运故意刻薄你，而是你还没有经历足够的磨砺，还没有找到生命中璀璨的发光点。接下来，你要做的就是继续努力和尝试。你要相信，一块土地，总有一粒种子适合它。

在高考后，原本学习成绩就不是很稳定的小风落榜了，她情绪非常低落，也不知道该干些什么。妈妈知道小风习惯了校园生活，不习惯出去打工，因而很心疼，在村子里托人找关系，好不容易才把小风送入村子里的民办学校当了一名老师。然而，小风不善言辞，沉默寡言，肚子里有货，却倒不出来，就像茶壶里煮饺子一样让人着急。才上课一个星期，小风就被学生们的造反行为打垮，再也不敢登上那三尺讲台。

面对落寞的小风，妈妈没有责怪她。既然不能当老师，小风不想继续留在家里，就趁着春节的机会联系了村子里的其他女孩一起去了深圳，找了一份服装厂里的流水线工作。然而，小风此前一直在上学，笨手笨脚的，工作效率低不说，还经常出错，为此才干了半个月，就被老板辞退了。小凤黯然回到家里，妈妈还是一如往常地包容小凤、鼓励小凤。后来，小凤干过会计，因为死心眼儿被老板骂；贩卖过水果，因为不擅长吆喝生意惨淡；开过小吃铺，因为不懂得偷工减料导致赔钱……在此过程中，妈妈从未责怪过小凤，总是默默地支持她。

一个偶然的机会，小凤进入一所聋哑人学校当老师，善良的她对孩子们特别有耐心，成为一名好老师，也因此走入了残疾人的世界。小凤在学校里深受欢迎，没过几年，成了学校的负责人。受到工作的启发，小凤还开了第一家专门经营残疾人用品的专卖店。小凤一边管理学校，一边打理残疾人用品专卖店，日子过得越来越充实。后来，小凤成家了，看着孩子不认真学习着急上火的时候，突然就想起妈妈曾经对她的耐心。为此，她特意回家问妈妈："妈妈，为何我做错过那么多事情，从来也没有给你争光，你却不责怪我呢？"妈妈笑起来："一块地，不适合种主粮，可以种豆类，不适合种豆类，可以种蔬菜瓜果，实在什么都不适合，撒一把荞麦的种子，来年就会长成荞麦。记住，一块土地，总有一粒种子适合它。"小凤听后潸然泪下，这么多年来，妈妈都在静待她找到适合自己的生命种子，是妈妈的爱、信任与包容，让她有了今天的成就。

妈妈的语言朴实无华，把种地的经验套用到养育女儿身上，告诉女儿总要找到一粒合适的种子在自己的生命中生根发芽。这是妈妈的人生经验和智慧，也是妈妈对女儿深沉的爱。

任何时候，我们都不要在生命的历程中自暴自弃。我们现在还不够成功，只是因为还没有找到最适合自己做的事情。要记住，只有坚持不懈的人才能得到生命的馈赠，也只有尝试过每一粒种子的土地才能结出最为丰硕的果实。

第六章 只有战胜坎坷和挫折，才能踩着失败的阶梯不断前进

顺遂如意的人生可遇而不可求，甚至让人怀疑是否真的存在。人生充满坎坷和挫折才是常态，所以每个人都要端正态度面对人生的磨难，而不要因为小小的失败就一蹶不振，那才是真正的失败。明智的人会在失败之后总结经验和教训，也会以失败为阶梯不断努力攀升和进取。唯有如此，才能成为真正的强者，才能在人生的道路上坚持进步，砥砺前行。

哭泣只是人生的逗号，不是句号

婴儿刚刚降临人世，就会本能地哭，还不具备语言表达能力的他们，常常以哭泣来表达自己的各种需求。饿了，他们会哭；渴了，他们会哭；冷了，他们会哭；想要抱抱了，他们还是会哭；甚至在无事可干的时候，他们也会以哭声来表达自己的无聊情绪……总而言之，婴儿就是爱哭，而且哭得理直气壮，哭得当仁不让。再大一些，婴儿学会了笑，不过和哭相比，笑的用处显然没有那么多啊。在一岁前后，婴儿开始牙牙学语，他们说着含糊不清的话，还是觉得哭最能够直截了当地表达心情。因此，当语言不足以表达的时候，他们依然选择哭泣来呼唤父母。

一个人，什么时候才不会哭呢？其实，随着人的不断成长，人哭泣的次数也许会减少，哭泣的用处却越来越大。例如，激动的时候、感动的时候，人都会哭，而且在喜极而泣时，泪水表达的含义更加复杂。很多人对哭怀有误解，一些父母一看到孩子哭就觉得厌烦，训斥着让孩子停止哭泣；有些成人也觉得哭泣是不好的行为，所以才会有人说"男儿有泪不轻弹""男儿流血不流泪"。哭是人的本能，也是人最基本的权利，没有任何人有权利禁止别人哭泣。

和哭相比，笑当然更好。但是，既然人生注定要遭受磨难才能成长，婴儿也总是以一声啼哭宣告自己降临人世，那么人生中难免要哭。当然，哭泣并不是一件糟糕的事情，因为哭泣可以帮助我们表达心情、宣泄情绪，也可以让我们在无法用语言表达自己的时候，多一个沟通的方式和渠道。不管是成年人还是孩子，不管是女人还是男人，都是可以哭的。把过多负面的情绪积压在心里，并不是一件好事情，有的时候还会因为郁郁寡欢而憋出毛病来呢！正确的做法是想哭的时候就哭，哭过了，心情好些了，那就擦干眼泪继续前行。

记住，哭泣是人们用来宣泄情绪的一种方式，可以帮助人平复心情。在奥运比赛时，奥运健儿夺冠，在听到国歌响起的时候，会忍不住流泪，这是激动的泪水；当生活中遇到困难又无奈的事情时，人们也会哭泣，这是悲伤和委屈的泪水……哭泣的方式有很多种，人们流泪的原因也不同，然而，我们不但要哭，还要哭得恰到好处，从而让哭在生命中起到积极的作用。

有谁的人生中只有欢笑，没有哭泣呢？没有任何人。人生不如意事十之八九，对于大多数人而言，人生的艰难处境和突如其来的困厄，都是避免不了的，只有让自己更加勇敢坚强，含着泪水也能笑出来，才能够战胜困厄，突破绝境，浴火重生。当你真的感到非常难过，除了哭泣无以表达自己的心情时，就勇敢地哭出来吧。人生，有的时候的确需要痛痛快快地哭一场，才能卸下心里的重担，轻轻松松地继续前行！

难听的话，也许恰恰描述了最真实的你

常言道："良药苦口利于病，忠言逆耳利于行。"这告诉我们，能够治病的药往往难以下咽，而能够帮助人进步的话常常是听起来很刺耳的。所以，不要抱怨那些总是在我们耳边说难听话的人，一个人愿意冒着得罪人的风险以难听话警示我们，才是真心为我们好的人。

当然，也不排除有些人与我们相识不久，却有"火眼金睛"，透过我们的言行举止，就看透了我们的内心，也因为自身脾气耿直，所以毫不掩饰地为我们指出缺点或不足。这样的人如果还不是我们的朋友，那么就是值得我们将其列入朋友之列的人。当然，这么做的前提是，对方实话实说描述我们，不是故意否定和批评我们，也不是怀着恶意打击我们，只是告诉我们他们眼中的我们是怎样的人。

现代社会，人与人之间的关系越来越生疏，也有很多人已经习惯了戴着假面具面对他人，给予他人错误的引导。这样的虚伪矫饰，让人情变得更加冷漠，也使得人际关系越来越疏离。当大多数人都假模假样地面对他人，那些愿意吐露心声的人就是最值得我们珍惜的。我们要做明智的人，不要总是迷恋于别人说出的那些阿谀奉承的话，而是要更加理性地面对别人的话、面对逆耳的忠言。

小鹿才大学毕业没多久，是公司里的新进职员。自从走上工作岗位，小鹿对于工作就非常认真负责，也总是拼尽全力想把每件事情做好。上司很器重小鹿，也有心栽培小鹿。这不，上司把一个重要的项目交给一个老员工，还专门指派小鹿给老员工打下手，让她做老员工的助理多向老员工学习！

合作第一天，老员工对小鹿非常好，有问题都会和小鹿沟通，还对小鹿谦虚道："小鹿，你可是高才生，不像我，才是个中专生。我也许经验多一点，但是要论学识，还得以你为准。所以咱们要是有什么分歧，你就尽管指出来，我一定会从谏如流！"小鹿暗暗想道："这个老员工也不像他们说得那么可怕，他还要向我学习呢！"后来合作的过程中，小鹿就像得到了尚方宝剑一样，在遇到分歧的时候，总是据理力争。有一次，针对项目实施的核心问题，老员工经过慎重思考做出选择，但是小鹿坚决认为老员工的选择过于保守，为此和老员工之间展开了激烈的辩论，甚至产生了冲突。老员工一气之下撂挑子，找到老板说："老板，你给我配的这个助手太强大了，我工作这么多年还没遇到过这么'能干'的搭档呢！"老员工坚决要求推掉这个项目，否则就要对小鹿做"退货"处理。

老板看到小鹿给老员工留下这么恶劣的印象，批评小鹿："你这个孩子是不是傻乎乎的，我让你跟着老员工是去学习的，谁让你去指手画脚的呢？"小鹿也很委屈："是他告诉我说他要从谏如流的啊！"领导无奈地说："你这孩子真是实心眼儿！你知道老员工怎么说你吗？"小鹿摇摇头，领导说："自以为是，不知道天高地厚。"听到这样的评语，小鹿惭愧极了。

后来，小鹿始终牢记着老员工的评语，总是提醒自己一定要谦虚低调，要向他人学习。她主动向老员工道歉，争取到和老员工继续合作的机会。在后来推进项目的过程中，小鹿固然有着先进的理论知识作为指导，也深知老员工的经验更加宝贵。为此再有不同的意见时，她都会主动请教老员工。渐渐地，小鹿养成虚心学习的好习惯，与同事相处越来越好，居然得到老员工点名合作的机会呢！

人都有趋利避害的本能，很多人都不愿意被他人否定和批评，而更加喜欢听到认可、赞赏和鼓励的话。然而，金无足赤，人无完人，一个人即使再怎么努力，也不可能面面俱到，更不可能把每件事情都做好，让所有人都满意。所以，要做好自己，在与他人相处的过程中，可以求同存异，也要尊重他人、谦虚求教。

谦虚是一种美德，也是待人处世的方式。在上面的事例中，老员工开始和小鹿说的话，实际上是自谦之词，却让心眼儿实在的小鹿全都当了真，还自以为拿到了尚方宝剑。结果，任务还没有完成，学习还没有成功，就被老员工找到领导要求"退货"。吃一堑，长一智，这对于小鹿而言还真是个教训。虽然老员工没有当面指出小鹿的不足，但是在领导面前对小鹿做出了犀利的评价。小鹿还算孺子可教，在得知原委之后马上调整心态，没有因此而抱怨老员工，而是以此警示自己，督促自己学会做人做事。正因为有这样的态度，小鹿才能很快就转变过来，收获了更大的进步。

如今的职场上，不知天高地厚的新人很多，他们自以为上了十几年的学就满腹经纶，也就有了资本可以在老员工面前卖弄。实际上，在大学文凭泛滥的今天，职场上最不缺少的就是拿着高文凭却有着低能力和零经验的新人。作为新人，在初入职场的时候，不管心中觉得自己多么厉害，都要怀着谦虚的态度虚心学习，否则在经验老到的老员工面前一定会"摔"得很难看。

俗话说："一瓶子不满，半瓶子咣当。"这就是说一个人不自量力、自以为是。明明没有那么高的能力，却把自己看得很高，导致在做人做事的时候总是贻笑大方。当然，对于这样的状态，新人也许觉得很委屈，因为在进入职场之后他们难免会被老员工戏弄或者因为老员工冷漠不愿意当师傅，他们即使想学习也没有机会。然而，谁还不是从新人走过来的呢？在封建社会，新人要想拜师学艺，还要伺候师傅三年呢。在现代职场上，能有机会向老员工学习，或者在虚心请教的时候可以得到不那么热情的回应，就已经是非常幸运的了。作为新人要放平心态，不要觉得自己很委屈，而是要放低自己，放空自己，才能学到更多，也让自己真正地充实起来。尤其是在职场上，同行是冤家，在很多销售岗位上，同事之间本身就存在着激烈的竞争，难道你还指望着老员工手把手地教你吗？所谓"教会徒弟，饿死师傅"，这就是赤裸裸的现实。即使是在普通的岗位上，老员工也没有义务费心劳力地去教会新人，所以作为聪明人就要学会偷师学艺，还要想方设法与老员工拉近关系。要知道，老员工漫不经心地告诉你的一些经验，都是他们用血汗换来的，你是否要感谢这样的师父呢？总而言之，不管你是家里娇生惯养的孩子，还是学校里老师手掌心里的宝贝，一旦走上社会，你就要与所有人一样平等地去打拼。在这个世界上，没有人会像父母一样对你无私付出，也没有人会像父母一样为你安排好一切，你必须放下娇气、放下骄傲，要如同海绵吸水一样贪婪地学习。

往事如风，当你真正地强大起来，一切成长过程中的委屈、误解、坎坷、磨难都会成为你骄傲的资本。记住，万丈高楼平地起，罗马城也不是一天建成的。每个人唯有怀着坦然的心态从容地面对成长，接纳不如意，悦纳自己，才能够激发自身的潜能，让自己在不那么平顺的人生道路上勇往直前，砥砺前行。

金无足赤，人无完人

在这个世界上，没有人是绝对完美的。作为一个平凡的人，我们既不要奢求身边的人完美无瑕，也不要强求自己不犯错误。孩子从呱呱坠地开始踏上人生的旅途，然后不断地成长，不断地成熟，期间不知道要犯多少次错误。哪怕已经成人，甚至在某些领域做出特别的贡献和成就，也难免会继续犯错误，唯一的区别在于犯错的次数会随着不断成熟而减少，但绝不是消失。

很多人一旦犯错误，就无法原谅自己，总是沉浸在自责中无法自拔，懊悔、沮丧，甚至绝望等负面情绪扑面而来。一开始，他们也许能赢得他人的同情，在他人的安慰声中原谅自己，但是当说的次数越来越多，他们就会招人厌烦，甚至别人根本不愿意继续倾听，见到他们就远远地躲开。还记得鲁迅笔下的祥林嫂吗？祥林嫂的孩子被狼叼走了，这么悲惨的遭遇让祥林嫂得到了很多人的同情，然而人人都有心理上的超限效应，祥林嫂无数次地重复自己的悲惨遭遇，她最终得到的是人们的冷眼。

有人说，人的一生只有三天的时间，那就是昨天、今天和明天。昨天已经过去，成为不可改变的历史，明天还未到来，是无法掌控的，真正能够把握的只有今天。要想拥有充实的、无怨无悔的昨天，我们就要过好今天，因为昨天就是过去的今天；要想拥有从容不迫的明天，我们就要过好今天，因为明天就是还未到来的今天。可以说，人生就是由无数个今天组成的，与其为了逝去的昨天徒然陷入懊丧之中，与其为了还没有到来的明天失去对于今天的把控，不如放下遗憾、放下过错、放下无限的憧憬，专心致志地过好今天。你最终会发现，只有今天好了，昨天才会好，明天也才会好。

从时间流逝的角度而言，人最可怕的不是犯错误，而是犯了错误之后不知道马上改正，始终沉浸在错误之中无法自拔，导致已经有了错误的昨天，还错过了原本可以弥补的今天，更耽误了原本值得期待的明天。人生如同白驹过隙，转瞬即逝，一个人如果不能活在当下，就无法真正地把控生命。

作为初入职场的新人，赵刚的确是想把工作做好的，为此他主动地加班加点，觉得自己单身一人，可以积极地承担更多的工作。有一天快要下班的时候，领导把一项重要的工作交给老员工完成，老员工家里孩子发烧，着急回家照看孩子，为此心急如焚。见此情形，赵刚主动请缨："师父，把这个工作交给我吧，我不着急走，你先回家照看孩子！"老员工很感激，感谢赵刚之后，把工作要领交代给赵刚后就离开了。

次日，赵刚准时把文件发到领导的邮箱里，没想到，中午时分就被领导叫到办公室狠狠地批评了一通。原来，赵刚粗心大意，把文件里一个数字的小数点打错了。领导训斥赵刚："这份文件幸亏我检查了，否则发给客户公司，相差十倍的金额，你承担得起吗？"赵刚很委屈，说："领导，我是帮助师父完成文件的。"领导更生气了："你帮师父完成文件，就说明你承担了这份责任，出了错我就不能去找你师父。只能说明你不自量力，没有金刚钻非要揽瓷器活。况且，你也不是能力不够，明明就是粗心。罚款五百块！"就这样，赵刚被罚款五百元，还在公司里被点名批评，让大家引以为戒。这种情况下，赵刚原本以为师父会站出来为自己分担一点儿责任，没想到师父从未提起过这件事情。赵刚委屈极了，接连几天都在朋友圈里吐

槽这件事情，而且发表很多负面言论。

    有一天，领导召开紧急会议，在会上点名批评赵刚，而且公布了辞退赵刚的决定。这下子，赵刚不但犯了错误，受到了惩罚，还失去了工作，心中委屈不已。但是他并不知道问题的所在，依然认为是领导偏心老员工，并且师父不敢承担责任，所以他才当了替罪羊。

人在职场，没有那么多道理可讲，很多时候，领导都是只看结果而不看过程的。其实，赵刚觉得委屈只有小小的一个理由，因为他是在做好事。但是领导惩罚赵刚有更充分的理由，一个合格的员工，不管因为什么原因承担工作，只要开始工作，就意味着他要承担起相应的责任。所以赵刚就算想推脱责任，也是没有理由的。换而言之，如果这个错误不是出现在代替别人完成工作的过程中，而是出在完成本职工作的过程中呢？所以看问题不要只看到表面，而是要深入分析。

    在犯了错误被惩罚、承担责任之后，赵刚还是没有反思自己的错误，而是在朋友圈里怨声载道。殊不知，隔墙有耳，而且朋友圈里本来就有同事、领导。这样错误的行为，让赵刚非但没有及时止损，反而把事态扩大，最终失去了工作。

    对于用人单位而言，其实并不害怕员工犯错误。因为用人单位招聘刚刚毕业的大学生进入单位，就已经做好了大学生有可能在工作中犯错的准备，也做好了给大学生交学费的准备。但是，如果大学生犯了错误，也给公司带来了损失，却没有意识到自身的问题，而只是从外部找原因，就会让领导非常失望，觉得这样的员工是不可调教的。这正是赵刚失去工作的原因。

    一个人犯错不可怕，可怕的是犯错之后不能勇敢地承担责任，而把责任推卸给他人，总是从他人身上寻找原因。这样一来，他就不可能从错误中总结经验和教训，也不可能踩着错误的阶梯不断进步。伟大的莎士比亚曾经说过：“每一个优秀的人，都是曾经犯过错误的人，正因为改正了缺点，所以他们变得更好。”这个世界上没有圣人，也没有上帝，所以每个人都会犯错误，要让错误成为人生进步的阶梯，而不要让错误成为又一个错误的开始。只有明智的人才会正确面对错误，在改正错误的过程中让自己趋于完美。

一路告别与舍弃，才能奔向成熟的未来

认真回想一下，从小到大，你曾经有过多少朋友？在年幼的时候，你与朋友穿着开裆裤一起和稀泥；在学校生涯里，你和同学寒窗苦读，彼此鼓励和支持，也相互调侃与打趣；参加工作之后，你很少有机会一份工作干到底，你也许会骑驴找马，也许会因为优秀而被猎头公司看中，因而跳槽到更大的平台去寻求发展……在人生的道路上，每个人都会经历很多的人与事情，与有些人的缘分深，能够陪伴更长的时间，甚至老了也还能坐在一起喝茶聊天；与有些人的缘分特别浅，只是擦肩而过，一面之缘。还与有些人有着不深不浅的缘分，相处几年或者十几年之后，就被尘封在记忆里，成为美好的回忆，也许未来再也不见，也许未来会在某一时刻不期而遇，这同样是生命中的一种美好。

人生是一个线性的过程，是被流淌的光阴拉长的，所以不会像照片一样定格在某一个美好的时刻。对于人生，没有人知道未来会有怎样的变化和发展，也没有人知道自己的明天一定会怎样。每个人都被时光推搡着往前走，即使极其不情愿，还想逗留在青春的时光里更久一点，但是时光从来不留情，就这样逼着人不断地前行。

既然人是和时光一起流淌向前的，就会存在一个相对前进的速度。"人生如同逆水行舟，不进则退。"这是为了激励每个人都要不断进步，才能与时光齐头并进。然而，在岁月的长河中，那些曾经出现在我们身边的人和事情，并不会和我们步调一致地前进。如果他人进步得快，我们就会被甩下；如果我们进步得快，就会把那些进步相对缓慢的人甩开。没有谁能够真正陪伴谁一辈子，就是这个道理。朋友之间如果能携手并进，友谊就能地久天长；夫妻之间结合的时候也许正处于携手并肩的状态，但是一旦其中有一方落后，就会出现感情不和、没有共同语言的情况，导致感情破裂、婚姻解体。所以，对于一段需要维系的感情和关系而言，最可怕的是什么？不是遥远的距离，也不是不时的吵吵闹闹，而是不能做到同步前进。

很多孩子会抱怨父母过时了，实际上这是因为父母的成长速度跟不上孩子的成长速度。当然，父母子女一场，就是父母看着子女的背影渐行渐远，所以父母可以尽力追赶孩子，却不要因为与孩子有差距而感到落寞。记住，那个优秀的孩子是你培养出来的，他是你的骄傲。也许在诸多的关系中，只有父母的相对落后是可以被谅解的，但是反过来想，如果作为父母已经白发苍苍，但是依然可以和子女相谈甚欢，也可以以睿智的谈吐吸引子女团聚膝下，岂不是更好吗？所以，也可以说，每一段关系、每一段感情，都要建立在同步的基础上。

最近这段时间，静静发现和李娟之间的共同话题越来越少。曾经，每次回家，静静都会迫不及待去找李娟，也总是和李娟说个没完没了，因为她们都想把自己的情况第一时间告诉对方，也想在第一时间了解对方的情况。然而，自从李娟结婚之后，关心的无外乎孩子、丈夫、房子、车子、薪水，而静静在大城市里站稳脚跟之后发展得越来越好，不但在事业上小有成就，而且因为工作的原因经常出国考察，也经常与很多海归同事、外籍同事打交道，渐渐地开阔了眼界和思维，人生阅历也越发丰富。

当静静和李娟说起自己在国外的见闻，李娟总是一脸懵懂，完全不知道静静在说什么。而静静呢，也对李娟说的那些家长里短的事情不感兴趣。就这样，原本亲密无间的好闺密，在现实生活的割

裂下，渐渐地进入了两个空间。

就和爱情一样，友情的维系也不是仅仅靠想要在一起的意愿就足够的，还要有共同的理想和兴趣，也要有共同的生活内容作为谈资，更要有相似的人生观、价值观，否则，就会失去继续发展的基础，再好的朋友也会面临渐行渐远的困境。

想到这里，是不是觉得有些伤感呢？众所周知，学生时代的感情总是最纯真的，但是学生时代的感情未必能适应这个瞬息万变的社会。与其伤感，不如把这份美好的感情封存起来，等到合适的时间再去品味。

大学毕业后，很多人都曾经参加过大学同学的聚会，就会发现随着毕业的时间越来越久，同学聚会也变得越来越没意思，不是变成了同学炫富会，就是看着彼此发福的身材在一起吃一顿没滋没味的饭，最后索然收场。不得不说，这样的聚会有还不如没有。不管是伴侣关系、朋友关系，还是同学关系、同事关系，大家总是要在一个相似的平台上，才能够实现顺畅的交流。哪怕是亲子关系、手足关系，即便有血浓于水的亲情，但是要想进行和谐的沟通，就必须有共同的背景和心灵的互通点。唯有如此，才能让关系发展更加亲密，感情也变得更加深厚。

年幼的时候，友谊总是很简单，在一起抢着吃一个零食，一起撒尿和泥，友情的小苗就这样生根发芽。随着不断成长，友情带有更多的附加条件，人与人之间要想有心灵的契合，就要在更多方面合拍，否则就会觉得说起话来兴致索然。所谓成长，就是在奔忙中一路舍弃，当昔日的好友成为相册中尘封的故人，不要遗憾，因为你们曾经彼此温暖和依偎过。友情如此，爱情更是如此。面对爱情，我们一定要积极主动地保持进步的姿态，才能与所爱的人一起成长。在舍弃与告别的过程中，我们距离昔日越来越远，距离未来越来越近。

从不犯错也许正意味着停滞不前

一个人不犯错，意味着什么？很多人对于错误的理解很肤浅，总觉得犯错误绝对是不好的，所以理所当然地认为不犯错就是最好的。常言道，"多做多错，少做少错，不做不错"。把这句话反过来进行推理，你会发现一个人不犯错，其实恰恰意味着他无所作为。如果一个人不犯错，意味着他停滞不前，没有切实去做任何事情，始终停留在原地。如果一个人总是想要寻找新的出路，他必然会想方设法去做更多的事情，那么犯错的概率也就相应增加。

在这个世界上，很多人都特别崇拜科学家、发明家，觉得他们非常厉害的，因而对他们佩服得五体投地。实际上，科学家、发明家都是犯错误最多的人。举个最简单的例子，爱迪生为了发明电灯而尝试了一千多种作为灯丝的材料，而且针对这一千多种材料进行了七千多次实验。可想而知，爱迪生仅仅针对发明电灯就犯了多少次错误才发现真相。要知道，爱迪生是个发明大王，他一生之中不仅发明了电灯，还发明了很多其他的东西，所以可以很容易推理出，爱迪生在一生之中犯了多少错误，才能成为世人尊重的发明大王。

当一个人不愿意犯错，发自内心地抵触犯错，甚至为了避免犯错而停止尝试和努力，这往往意味着他在人生之中会陷入举步不前的被动状态，他的成长也停下了脚步。明智的人知道，无论如何都要求新求变，这样才能持续进

步，坚持进取，也才能在不断犯错的过程中获得成长。退一步而言，哪怕尝试之后失败了，也可以从失败中汲取经验和教训，争取下一次有所进步，这是不愿意面对失败的人绝对不可能获得的最宝贵的财富。

因为经济不景气，公司最近正在计划裁员的事情，部门里的同事们人心惶惶，生怕自己在被裁员之列。对此，莉莉丝毫不担心。她从大学毕业就进入公司，如今已经在公司工作6年了，对待工作兢兢业业，从来没有出过任何差错。莉莉暗暗想道：裁员也轮不到我，我才30岁，又不老，而且比起那些新人来说还有丰富的经验，工作起来驾轻就熟，根本不会给领导添麻烦，更不会让领导操心。就这样，莉莉每天照常上班下班，悠然自得。

周一，裁员名单下来了，每一位同事到了办公室都会先打开邮箱，确定自己是否在裁员之列。莉莉自信心爆棚，连看都没看裁员的公告就继续工作。到了中午时分，领导经过莉莉的工位，看到莉莉很惊讶，随口问道："你还没有走啊？"莉莉一脸茫然："走？往哪里走？"领导看到莉莉的反应也很诧异："你没有看公告吗？我还以为每个人今天来的第一件事情就是看公告呢！你快看看公告吧！"莉莉打开公告，看到公告上赫然写着："张莉莉把工作交接给赵璐璐，去财务室领取3个月工资，办理离职手续。"莉莉当即冲到领导办公室，质问领导："领导，为何要把我裁掉？我从来没有在工作上犯过任何错误啊！我是可以胜任这份工作的。"领导说："我当然知道你在工作上的表现，不过这次裁员是上级经过考察决定的。据说，考察的原则之一，就是看哪些员工数十年如一日，在工作上既没有创新，也没有进步。他们认为这样的员工没有创造力，也没有竞争力。"莉莉听到这些话，居然无从反驳，只好失望地离开了领导办公室，去办理相关手续。她很清楚，这些年来她在工作上不求有功，但求无过，的确是过于保守了。

如今的社会发展迅速，用人单位对于人才的要求绝不再是兢兢业业如同老黄牛，因为当一个单位里所有的员工都呈现出这样的状态，也就意味着这个单位死气沉沉，丝毫没有发展的可能。员工是单位的血液，所以单位要想有创新性，就必须要求员工充满活力、生机勃勃，这样才能带动单位的整体精神风貌发生改变。

生活如同逆水行舟，不进则退。在现代职场上，竞争如此激烈，每一个在职场上打拼的人也同样是不进则退。为此，我们一定要打起精神来努力拼搏进取，这样才能与时俱进，也才能让自己的人生有更多的机会和可能性。

从此时此刻开始，不要再惧怕犯错。记住，只要你每次所犯的错误不同，也不在同一个地方跌倒两次，你就会在犯错的过程中得到成长，也会因此而拥有更强大的内心力量来支撑自己努力前行。任何时候，不犯错都不是被认可的理由。一个人要想得到他人的认可和赏识，要想在进步的过程中获得更多的力量，就一定要动起来。所谓"生命不息，运动不止"，只有动起来的人才会生机勃发，也才会在人生的道路上得到"柳暗花明又一村"的惊喜。

命运的刁难，是人生最宝贵的财富

当你深陷于命运的刁难之中，你一定会感到万分沮丧，怨恨自己为何没有好运气，为何不能像别人那样含着金汤匙出生。然而，这一切的抱怨，都只是你为了逃避现实而不切实际地假想，你越是假想得多，就越是心力交瘁，所谓理想是丰满的，现实是骨感的，当你沉浸在高大上的假想之中，你就会对现实有更多的不满意。要想改变现状，就不要沉浸在幻想里以逃避现实，而是要直面命运的刁难，迎难而上战胜人生的困厄。

众所周知，在黎明之前，夜是最黑暗的。在成功之前，也必然会有一段时光非常黯淡和落寞。只有熬过最艰难的时刻，你才能从命运的刁难之中抽身而出，也才能站在人生的巅峰藐视曾经阻碍你的一切。

有一段时间，她以为自己活不下去了。命运不停地刁难她，让她没有时间躲闪，没有时间喘息，甚至失去了思考的能力。原本，大学毕业的她应该无忧无虑，享受轻松的生活，但是爸爸想在家乡盖一座小洋楼，又没有钱，所以就四处张罗着为她找对象。一个偶然的机会，她认识了一个正在闹离婚的有妇之夫，这个人是做海鲜生意的，比较有钱。为了从这个人那里借钱盖房子，爸爸甚至同意她与这个有妇之夫交往。不想，这个人是个骗子，非但没有借钱给

102

她爸爸，反而以高额回款为诱饵骗走了她爸爸原本准备用于盖房子的十万元钱。就这样，爸爸整日醉酒，喝醉了就骂她，说她是骗子。一开始，她不回口，后来被骂急了，她就反驳爸爸："你想把你闺女卖给一个有钱的二婚男人，没得逞，被骗了，就来怪我吗？"家里因此闹得不可开交，她想到了死。

后来，她仓促和另外一个男人结婚，目的就是尽快离开家。谁知道没有感情的婚姻带来的同样是苦果。才结婚几个月，她又离婚了，而且闹得尽人皆知。万念俱灰的她背起行囊，只身一人去了大城市打拼。在大城市里，她拼命挣钱，想要弥补家里的损失，也因为自强不息，改变了命运。她在大城市里站稳了脚跟，还清了家里被骗的钱，认识了现在的丈夫。如今的她一家四口都很幸福，丈夫忠厚老实，对她非常好，孩子也健康可爱。回想过往，她不再怨恨，反而感谢命运曾经的磨难，她说："如果没有那么多弯路，我就走不到这里，就不会有现在幸福的家。我感谢过去，也感谢那些伤害过我的人，他们伤害了我，也成全了我。"她丝毫不怨恨爸爸，反而非常孝敬爸爸妈妈，也成为爸爸妈妈的骄傲。

当在磨难之中挣扎的时候，你一定会感到自己快要窒息，或者快要沉下去，葬身在无底的深渊。然而，时间是最好的药，只要你能坚持活着，就能熬过所有的磨难。总有一天，你会感谢命运曾经的刁难，也会真心感谢那些曾经毫不留情深深伤害你的人。没有他们的伤害，就没有你的今天，没有他人的成全，你就不会这么强大。

从另一个角度来说，一个人如果始终活在仇恨中，那不是在惩罚别人，而是在用别人的错误惩罚自己。所以，我们还要学会忘却，忘记那些生命中的不愉快，也忘记在人生道路上走过的那些长满荆棘的道路。人，既要有好记

性，让自己成长；也要有好忘性，让自己轻松快乐。对于每个人的人生而言，伤痛都是理所当然存在的。既然如此，就不要总是活在伤痛里。当一株向阳花努力向着太阳的方向绽放，既绚烂了自己，也绚烂了世界！

你的极限远远没有到来

在坚持努力的过程中，很多人都以为自己已经到达了人生的极限，为此他们开始怜悯自己，也认为自己的确已经非常努力地去生活。实际上，人的潜能是无穷的，你的极限还远远没有达到。很多时候，是内心限制了我们努力的程度和内心的高度，而不是所谓的极限。因而，要想让自己无极限的进步，首先要打破内心对于自己的限制和禁锢，也要充分相信自己，这样才能轻松地突破伪装的极限，创造生命的奇迹。

心理学家用跳蚤进行过一个实验。把跳蚤放在一个玻璃瓶里，玻璃瓶是敞口的，没有盖子，跳蚤轻而易举就跳出玻璃瓶口，获得自由。如此重复几次之后，心理学家在玻璃瓶口加上了一个透明的玻璃盖板，结果，跳蚤跳了很多次之后都撞到玻璃盖板上，为此它调整了跳跃的高度，避免撞到玻璃盖板。后来，心理学家取下玻璃盖板，发现即便没有玻璃盖板的存在，跳蚤也会自觉维持安全的高度，再也无法跳到足够高的地方摆脱玻璃瓶的禁锢。这是心理学家采取反复加强效果的方式，为跳蚤设定了极限。

其实，人也会出现这样的情况。年幼的孩子天不怕地不怕，所谓初生牛犊不怕虎，什么事情都敢做。但是随着不断地成长，他们的认知能力持续增强，为此他们开始意识到危险的存在，有的时候也的确是因为磕碰而感到疼痛，所以才会吃一堑长一智。总而言之，对于小时候父母的禁止都无法阻挡他

们去做的事情，随着人生经验的积累反而会自觉地避免去做了。当然，这样的限制对于保证孩子的安全是有好处的。

然而，凡事皆有度，过度犹不及。当这样的自我限制和禁锢超过正常的限度，就会限制自身的发展，也会用各种条条框框把自己局限住，这对于人突破极限、超越自我是没有好处的。明智的人不会总是思虑过多，而是会在想清楚之后就去做，以当机立断的行动推动自己不断努力向前，也鞭策自己获得长足的成长和进步。

当然，对于极限的挑战也是有限度的，不能盲目。匹夫之勇不是我们所提倡的，真正的勇气是知道自己各方面的情况，对于事情也有一定的预判，从而理性地突破和超越自我。记住，不要给自己标注极限，否则就会对自己进行心理暗示，导致自己畏畏缩缩。人固然有极限，但是极限在远远没有到来的地方，我们要做的就是一次次尝试、一次次突破。在运动会上，总是有运动员能够打破纪录。实际上，上一届纪录保持者已经是在挑战自身的极限，而后来的运动员在打破纪录的过程中，就相当于是在超越整个人类的极限。由此可见，作为个体的运动员要突破自身的极限，创造更好的成绩；作为运动史上的运动员，也要突破前任的极限，从而创造人类更好的极限成绩。正是在这样不断打破极限的过程中，人类才能在不断成长和进步中创造更辉煌的战绩。

极限，总在我们目之所及之外，要想更加接近极限、真正突破极限，我们现在要做的不是设定极限，而是通过坚持不懈的努力去寻找和发现极限的所在。成功，也许就会在你找到极限之前出现！

不要迷信成功的模式，失败才是向上的阶梯

在如今的信息时代，一个人小小的成功也会被无限地放大，导致人们都开始迷信起成功模式。尤其是当成功模式来自那些众人皆知的名人时，成功效应更是被夸大，从而使得没有成功却又渴望成功的人蠢蠢欲动，甚至误以为自己只要把成功模式照搬过来，就可以如愿以偿地获得成功。

每个人都是这个世界上独一无二的生命个体，每个人的成功模式也是截然不同的，带有深刻的个人印记。很多人都知道比尔·盖茨是在大学退学之后创办公司，然后成为世界首富的。为此，人们就犯了幸存者偏差的错误，只看到比尔·盖茨没上大学，却没有看到比尔·盖茨的勤奋努力以及在计算机方面的天赋，就盲目地以为自己只要也从大学退学，就能获得和比尔·盖茨一样的成功。不得不说，从大学里退学的人之中，和比尔·盖茨取得一样成功的人迄今还没有一个。作为普通的人，我们更应该看到的是更多的人没有机会读大学，人生发展的空间很狭窄，成长的宽度也受到限制，导致人生不如意，与成功相距遥远。我们还要看到，很多人读了大学之后，得到了一份不错的工作，那些有天赋的人则继续学习深造，成为高精尖人才，过上了让人羡慕的生活。所以，不要盲目地把从大学退学作为比尔·盖茨成功的特定标签。

近年来，网络的快速发展，让马云成为中国的互联网第一人，也成了电

子商务的开山鼻祖。为此，那些渴望成功的人又开始研究马云的成功模式，最终总结出马云当年一边摆地摊一边开公司，还有"十八罗汉"对他忠心耿耿，哪怕不认可他的决定，也会坚定不移地拥护他、支持他。由此，大家都认为马云一定是具有高情商，所以才会在贫穷落魄、事业没有起色的情况下就有众多的追随者。显而易见，这一点和比尔·盖茨退学的成功标签相比，模仿难度太大，所以人们纷纷放弃了模仿。

很多人都看到成功者的光鲜亮丽、光环加身，却忽略了他们在没有获得成功之前付出的辛苦和努力，也忽视了他们在追求成功的过程中是综合了多少因素，才能够最终获得成功。古人云，"天时地利人和"，在现代社会，要想获得成功，只有这三个方面的条件是远远不够的。毕竟在中国，政策对于市场的影响很大，而市场本身也有发展的规律，也会出现一定的动荡，最重要的，成功者自身就有很多与众不同的品质、气魄与行为，这是远远模仿不来的。所以，我们可以借鉴他人成功的经验，却不要盲目地模仿他人的成功模式，因为他人的成功对于我们而言并没有切实的意义。退一步来说，即使我们通过盲目跟风的方式获得了同他人类似的成功，那也不是我们真正想要的成功，充其量是我们从别人那里分得了一杯羹而已。

网络上成功的案例铺天盖地而来，甚至连"凤姐"都有人说她已经在美国立足，拿到了美国绿卡，过上了很好的生活。为此常常有人觉得失败是不可接受和原谅的，在这样的思维误导下，太多人的都开始排斥和抵触失败，也不愿意承受失败。其实，失败才是人生的常态，相比起失败，一个人一生之中成功的次数很少。从另一个角度来说，如果一个人没有承受失败的勇气，也没有踩着失败进步的毅力，那么他也就不太可能获得成功。

人人都渴望获得成功，这一点毋庸置疑，然而，成功并不会因为我们强烈的渴望，就来到我们的身边。世界上从未有一蹴而就的成功，每个人要想获得成功，都要坚持长期一点一滴地努力，不断积累，而不要奢望成功不期而至。在追求成功的过程中，我们必然会遭遇失败，要从失败中汲取经验和教训，不断地提升和完善自我，这样我们才能距离成功越来越近，也才能获得成功的青睐。记住，哪怕别人的成功模式再好，也不要盲目学习，因为你不是别人，所以成功的模式无法在你和别人之间相互套用。正如一首歌里所唱的，"不经历风雨，怎能见彩虹，没有人能随随便便成功"。要想获得成功，我们要学会接纳失败，也要能够从失败中总结经验，这样才能持续积累经验，也才能全力以赴奔向成功，奔向美好的未来！

记住，要让自己的努力配得上成功，否则即使侥幸成功了，也无法获得长足的进步和发展。而当成功昙花一现，在我们的生命中转瞬即逝，我们又如何给自己更好的交代呢？攀登人生的巅峰，就像是在爬台阶，一步跨越 10 个台阶是做不到的，必须拾级而上，才能调整好进步的步伐，也才能距离成功越来越近！

第七章 在该奋斗和吃苦的年纪，你最不该接受安逸

很多年轻人都说年轻就是资本，甚至把这句话作为口号挂在嘴边，动辄喊一喊，以此作为肆意放纵的借口。可是年轻不是虚度光阴的资本，也不是纵情狂欢的资本，而是努力奋斗的资本。年轻人正处在应该吃苦和奋斗的年纪，最不应该接受的就是岁月静好的安逸和享受。人生总有吃苦受累和安然享受的时候，千万不要把这两件事情的顺序颠倒了，否则老来的岁月就会成为煎熬。

你最不该考虑的，就是安逸

每个人都想拥有"高大上"的人生，看到网络上有关成功的消息铺天盖地而来，他们未免蠢蠢欲动，觉得成功看起来也没有那么难。网络红人凤姐其貌不扬，不就是因为说出一番奇谈怪论被人喷，就在网络上出名了，据说现在已经定居美国。如果你对于成功的定义就是定居美国，那么凤姐的确是成功了，尤其是比起以前的默默无闻来。然而，每个人对于成功都有自己的标准，有人觉得挣钱多是成功，有人觉得当大官是成功，所以一个人的成功不一定适合另外一个人，也就注定了我们不能套用别人成功的经验。

不管你所渴望的成功是怎样的，有一点毋庸置疑，那就是为了获得成功，你必须非常努力，也必须拼尽全力。即使如此，你所得到的结果也不一定就是最佳结果，你很有可能在努力一番之后还是失败了，此时，要坦然接受失败，而不要抱怨。唯有怀着平静的心，才能在面对失败的时候理性地思考，主动进行自我反省，从而从失败中汲取经验，也从失败中获得进步。

很多人把年轻作为资本，觉得自己还有很多的光阴可以用来挥霍，所以从来不会心急如焚，也不会追赶成功。殊不知，青春的时光转瞬即逝，也许你这一刻还在庆幸成功，下一刻就已经被时光驱赶着白了鬓角。才女张爱玲就曾说过，"出名要趁早"。的确，如果能早一点出名，为何要拖延到很久之后呢？早早出名，可以享受名利双收，也可以在生活中占据更大的主动权，收获更多。

让人遗憾的是，现实生活中有很多年轻人都缺乏紧迫感。尤其是那些刚刚毕业的大学生，在选择工作的时候非常保守，他们不愿意从事销售工作，因为觉得销售工作压力大；他们不愿意经常出差，因为觉得经常出差四处奔波太疲惫；他们不愿意承受过重的工作任务，因为害怕自己干不好，会把一切都搞砸了……他们唯独忘记了一点，不管是在生活中还是在职场上，一个人的付出与收获是成正比的，一个人承担的责任与他的所得是成正比的。正因为忽略了这一点，他们在对工作提出各种苛刻的要求之后，却奢求得到更好的福利、更高水平的薪水和充足的休息时间。他们拒绝加班，拒绝出差，只想找一份清闲的工作，就能在发工资的时候得到五位数的薪水。不得不说，这比白日做梦更加可笑。就算公司是你爸爸开的，你爸爸也要考虑到其他员工的感受，不会给你额外的高工资。当然，至于你说爸爸的整个公司都是你的，那是未来的事情，而不是你作为公司里一名普通员工的时候就能享受到的。

如果年轻的时候这么安逸，未来看到身边的那些拼命三郎买房的买房，买车的买车；同事找到的女朋友比你的女朋友漂亮，你会怎么想？切勿觉得愤愤不平，更不要觉得命运不公平，因为在此之前，别人正在努力，你却在娱乐；别人正在奋斗，你却在消磨午后的慵懒时光。

人生之中，杞人忧天固然有些过分，但是未雨绸缪还是必须要有的。常言道："人无远虑，必有近忧。"如果你没有思虑长远且周全，那么你就会有其他的烦恼。现代社会发展的速度非常快，整个时代都处于瞬息万变之中。如果你不能与时俱进，跟上时代的脚步，有朝一日你被时代甩下，被身边的人甩下，你还能去抱怨谁呢？"少壮不努力，老大徒伤悲"——老祖宗留下的话总是经得起推敲，也经得起时代的检验。

25—35岁，正值身体的高峰期，精力旺盛，时间充沛。如果在这个时间段里不努力，等到人到中年，就会明显觉得自己经不起折腾了。所以，年轻阶段的努力，是为中年的发展奠定基础，也是为老年的生活奠定基础。如果你年

轻的时候虚度光阴，只知道啃老，而不愿意去打拼，等到有朝一日青春不在，家中老人也没有能力继续照顾啃老的你，那么接下来的日子除了哭还能干什么？每一个上有老下有老的中年人，都会感受到生活的压力，越是尽早拼搏，后面的人生就越是从容。记住，现在偷懒一刻钟，未来也许就需要一年的努力才能赶上，明智的人一定会抓住青春时光，大力为人生投资！

安逸，不是你现在该享受的

每天打开朋友圈，我们都会看到他人光鲜亮丽的生活。尤其是当节假日到来的时候，朋友圈简直就成了炫富圈，留在家里无聊刷屏的人，总是能够看到全世界各地的景色。然而，等到有一天，你在超市里遇到了那个前一刻还"在马尔代夫湛蓝的海边流连忘返"的朋友，你一定会有一种时空交错的感觉。然而，在恢复冷静之后，你又会感到释然：原来，现在旅游炫富的成本比美食炫富的成本更低，难怪大家都乐此不疲呢！

随着社会的发展和进步，人们生活水平越来越高，爱攀比的人也越来越多，贪图享受、不愿意付出的人则更多。为此，朋友圈里的炫富只是冰山一角，而人们心态的改变，才是最致命的。现代社会，还有多少纯粹的爱情值得男人和女人去相守终身呢？无数的女孩在寻找人生伴侣的时候，关心的不是对方的脾气秉性、爱好特长、人生观和价值观，而是对方有没有房子、有几套房子，有没有车子、车子值多少钱，有没有工作、每个月的薪水具体有多少。女孩们，试问，当你想要不劳而获，试图通过嫁人的方式摇身一变，从灰姑娘变成阔太太的时候，有没有想过自己配不配？有多少美女都想钓到金龟婿，曾经有记者在北京电影学院、舞蹈学院、音乐学院等美女云集的地方进行暗访调查。事实证明，如果开着价值百万的豪车停在校门口，一个小时之内就会有十几个美女过来搭讪。而随着车子的档次不断降低，来搭讪的美女也越来越少。

115

如果你长了一张漂亮的脸蛋，就由此生出歪门邪道的心思想要靠脸吃饭，那么你终究会尝到苦头。归根结底，每个人都不应该把自己的命运寄托在别人身上，只有能真正主宰自己命运的人，才是人生的强者，也才能够在成长的过程中不断地发展壮大，最终驾驭人生。不仅是女孩追求安逸，想要一步跨入豪门，现实生活中，很多男孩也不愿意辛苦和努力，因此就找一份清闲的工作混日子，钱不够花了，就找父母要。这让人忍不住要问：父母能养你一辈子吗？

生命经不起蹉跎，尤其是在这个光阴飞逝的时代里，如果你不进步，那么你就会发现你周围的一切都如同高速行驶的列车外一闪而过的景色一样，唰唰唰地就离你而去，转眼之间连影子都看不到。常言道："生活如同逆水行舟，不进则退。"哪怕你的目标很小，只是希望不落后于这个时代，你也必须与这个时代保持同步前进，否则你就会被甩下。别说作为普通人家的孩子没有背景，在如今这个拼实力的时代里，就算是富二代，要想吃父母挣下的老本也行不通了。你会发现，身边很多真正的高富帅很努力，他们在能拼颜值的情况下选择以实力为自己代言，这是他们非常明智的选择。

青春，就要轻舞飞扬，就要绚烂多彩。在最该奋斗和拼搏的年纪里，一定不要让自己的心贪图安逸，也不要在安乐窝中迷失了人生的方向。要想扬起人生的风帆，勇敢地前行，我们就要确定人生的方向，也要对未来有明确的态度。记住，你将拥有怎样的明天，取决于你如何度过今天。把握当下，不要觉得还有大把的时间可以浪费，因为就在你这么想的过程中，生命已经悄然流逝。人生的态度至关重要，常言道："进一步万丈深渊，退一步海阔天空。"而人生恰恰相反，进一步就是未来，退一步就是余生。如果不想从现在开始就过退休的生活，那么就鼓起勇气改变现状，要相信自己一定会拥有与众不同的未来！

只有奋斗，才有可能得到渴望的一切

看到成功者头顶光环，光鲜亮丽，很多人都很羡慕。他们以为成功者是有独特的天赋，也得到了命运特别的眷顾，所以才能获得成功。殊不知，成功者在获得成功之前，遭受了比常人更多的磨难，正因为有百折不挠的精神，所以他们才能够战胜磨难，也才能够最终获得成功的青睐。

一个人，只靠着羡慕别人并不能如愿以偿获得成功。当有了梦寐以求的生活目标，就要拼尽全力去努力，也要当机立断去改变。很多人总是夜晚想法千千万万，早晨起床仍旧去过以往的生活，嘴巴里却在不停地抱怨着命运不公，没有给他们更好的机遇。不得不说，当一个人总是墨守成规，总是不敢突破旧有的生活去创新，他们就会变成"套中人"，渐渐地习惯了把自己局限在狭小的圈子里，越来越胆怯畏缩。

春节从家里回来，单位里的很多同事都患上了节后综合征，工作的时候没精打采、漫不经心，整天唉声叹气，就盼望着节后的第一个周末赶快到来，好赶紧休息一下。在办公室里，就数马波的节后综合征最为严重，他索性完全抛开工作，就连领导安排他周五下班之前必须交上去的文件，他也懒得去做。

看到马波这个样子，与马波私交甚好的同事很奇怪，对马波说："马波，你为何总是这样愁眉不展呢？就算有节后综合征，也不至于这样吧！"马波说："我就是觉得这份工作没什么意思。"这么说，同事就更感到奇怪了，要知道马波当初应聘进入公司，可是过五关斩六将，费了一番周折呢！在同事的追问下，马波终于说出了心中的烦恼。原来，马波一直以为自己在城市里打拼还挺有成就的，但是春节回到老家和同学们聚餐的时候，他才发现家里的很多同学都已经买了房子，有的同学还买了车子。他们尽管工资不高，但是福利很好，而且在家里生活非常安逸舒适。看到同学们在老家过得潇洒惬意，再想想自己在大城市里过着加班加点的生活，为了节省房租，还不得不去远郊区租房子，马波瞬间觉得自己很失败，也觉得自己在同学们面前没有任何优势。

俗话说："货比货得扔，人比人得死。"人与人之间的攀比真的没有必要，因为一旦攀比的方式不恰当，就会导致人们内心失衡，也会使原本斗志昂扬的人瞬间失去斗志。其实，把不同的人放在一起比较，原本就是不合理的。对于马波而言，在大城市打拼必然需要很长时间的积累，他的经验和见识会更加丰富，内心也会更加强大。而老家的同学尽管生活得惬意，未来却可能一成不变，生活也基本定型。为此，马波必须调整好心态，更加努力进取，让自己在大城市里站稳脚跟，也能在居大不易的情况下过得和老家的同学一样好，这才是真正的厉害。

每一个在大城市漂过的人都知道，在大城市里生存的压力很大，生存也很艰难，那么就不要再抱怨，而是认准人生的目标，努力开始改变。也许未来的路依然困难重重，但是只有真正去走，才能知道自己能够走到人生的哪一步。有的时候，预想中的困难并不会真的发生，也许随着事情的不断推进以及主观上的努力，事情的发展还会变得更好。所以，一定不要被假想中的困难打倒，也不要被还没有发生的障碍吓住。与其犹豫彷徨，不如把别人的态度都抛在一旁，趁着年轻去做喜欢的事情，只有趁着身强体健的时候努力奋斗，我们才有可能拥有梦寐以求的生活！

只有梦想，才是你最大的财富

对于一个人来说，最大的财富是什么？不是拥有一个能力超群的爹，也不是拥有一个威风八面的妈，更不是拥有好运气，而是拥有梦想。梦想是人生的翅膀，也是最原始、最强大的力量，一个人唯有在梦想的支撑下，才能展翅翱翔，才能真正到达人生的巅峰。爱迪生如果没有梦想，就不会为全世界的人带来光明；比尔·盖茨如果没有梦想，就没有勇气从世界顶级的大学辍学去创业；马云如果没有梦想，就不会在所有人都不看好的情况下开展电子商务；就连凤姐都是有梦想的，否则她如今就不会定居美国，实现自己的美国梦。任何一个生命，不管是伟大还是卑微，都应该有梦想作为支撑，才能够拥有高度。否则，连梦想都低到尘埃里去了，人生还何谈"海阔凭鱼跃，天高任鸟飞"呢？人生要有梦想，努力才有锋芒。梦想是宝剑锋从磨砺出的"锋"，梅花香自苦寒来的"香"。

当然，拥有梦想很容易，真正地实现梦想却很难。一个人要想实现梦想，就一定会历经艰难，因为这个世界上从未有一蹴而就的成功，更没有天上掉馅饼的好事。在实现梦想的道路上，我们必须非常努力，哪怕饱经磨难也决不放弃，才能距离梦想越来越近，最终成为让众人瞩目的追梦人。

对于梦想，常常有人抱着怀疑的态度，他们觉得自己所学的专业与梦想并不相配，也觉得自己距离梦想过于遥远。实际上，在梦想面前，一切世俗的约束和成见都不值一提。在娱乐圈里，音乐诗人李健毕业于清华大学电子系，如今作词作曲，在业内很有名气；歌唱组合水木年华，也毕业于清华大学，是中国人文民谣的代表人物。在现实生活中，为了实现梦想而并没有从事所学专业的人更是数不胜数。由此可见，学习什么专业，与我们最终实现梦想之间并没有必然的联系，所以即使梦想与专业相距遥远，也不要为此就停下前行的脚步。只要有梦想作为支撑，人生就可以创造奇迹。

很久以前，有个女孩特别喜欢跳舞，尤其爱跳芭蕾舞。为此，她坚持自学舞蹈，而且在各种小型的比赛中都曾经获奖。女孩生活在一个闭塞的县城里，没有机会接触专业芭蕾舞表演。有一次，她听说有一个芭蕾舞表演团来到市区表演，所以想方设法去市区观看表演。

看完芭蕾舞表演后，女孩更加热爱芭蕾舞，为此她费尽周折来到芭蕾舞团长的临时办公室，对团长毛遂自荐。团长正在忙着处理公务，女孩说："我跳一段芭蕾舞给您看吧！"团长头也不抬地点点头。一曲终了，女孩满怀期望地看着团长，团长却说："你在舞蹈方面表现还不错，不过要想专业从事舞蹈工作，还是有欠缺的。"女孩很失望，从此之后她收起芭蕾舞鞋，按部就班地生活。又过去很多年，当年的芭蕾舞团又来演出，团长还是那个团长，尽管已经两鬓斑白。女孩和团长说起自己曾经的梦想，团长很诧异："我和每个人都会那么说，并不代表你跳得不好。"女孩如同遭遇晴天霹雳，抱怨团长毁掉了她一生的梦想，团长说："如果你真的热爱芭蕾舞，就不会因为我的一句话就放弃。"团长的话让女孩陷入了深思：归根结底，是她自己放弃了芭蕾舞，跟团长对她的评价没有太大关系。

团长说得很对，如果女孩真的喜欢跳芭蕾舞，就不会因为团长的一句话而放弃学习芭蕾舞。任何时候，梦想都是人最强大的力量，作为一个有梦想的人，必须坚持梦想，才能激发自己所有的潜能和斗志，即使面临重重困难，也依然永不放弃，勇往直前。

理想是丰满的，现实是骨感的，所以在追求梦想、实现理想的过程中，很多人都会觉得自己产生了思想上的错位，甚至不知道要如何去做，才能在迷惘的现实中坚定不移，一往无前。所谓"不忘初心，方得始终"，就是告诉我们要牢牢记得本心，不要因为遭遇现实的磨砺就对梦想懈怠和放手。

朋友们，请大胆去想，也请一定要坚持梦想。在人生的天空中，时而阴雨，时而晴朗；时而顺心如意，时而经历坎坷挫折。任何时候，都只有梦想才能为我们提供战胜困难的勇气，才能让我们在人生的道路上充满力量，砥砺前行，才能让我们坚持人生的目标，决不轻言放弃！记住，有梦想，你就拥有了整个世界！

努力奋斗的人，总能实现梦想

年轻的时候一穷二白，一无所有，生活窘迫，连第二天的午餐在哪里都不知道。等到了中年，事业小有成就，人生安稳舒适，再想起年轻时的一贫如洗时，你一定会感慨：幸好我熬过了人生中最难熬的阶段，幸好我从没有放弃梦想，才会有今天。有人说，今天你所吃的苦都是在为你未来铺路。在这个世界上，谁不曾吃苦就获得成功呢？阳光总在风雨后，不经历风雨怎能见彩虹？你一定要非常努力，才能有朝一日功成名就，把一切的辛苦都作为人生的资本，成为炫耀的素材！

一个人如果只会做白日梦，只会躺在床上畅想未来，奢望获得成功，是根本不可能有所成就的。哪怕是一个小小的收获，也从来不会从天而降，只有努力奋斗，才能越来越接近梦想，也才能真正地实现梦想，创造未来。现代社会，我们可以贫穷，可以一无所有，可以没有任何背景，但是一定要有梦想，因为这是一个尊重梦想的时代，也是一个有梦想就能创造奇迹的时代。

一个人如果连梦想都没有，可想而知他有多么贫穷。要想成功，就要分两步走，第一步是要有梦想，第二步是要为了实现梦想而付诸行动，坚持不懈地努力。如果连想都不敢想，又何谈去做呢？又怎么可能会获得成功呢？所以，从现在开始就大胆地去想吧，只有敢想敢干，才能距离梦想越来越近。任何时候，都要打破思维的桎梏，让梦想带着自己驰骋。

艾米和若琳都是很有想法的女孩，尤其是艾米，总是有一些奇思妙想。在高中时代，艾米和若琳是同桌，也是闺密，为此她们常常在一起说悄悄话。成绩中等的艾米，早就打定了主意：如果她考不上好大学，就选择开一家成衣制品店，叫"芳草地"，同时提供量身订制。对此，若琳也很感兴趣。

高考成绩出来，艾米果然低于自己想上的大学录取线十几分呢，她又不愿意委曲求全，不愿退而求其次，因此她决定不上大学。若琳成绩和艾米差不多，但是若琳没有勇气不上大学，她去了一所三流大学就读。艾米则背起行囊去了南方，进入一家服装厂打工，实际上，她是想通过打工的方式偷师学艺。四年的时间过去了，若琳大学毕业，进入一家公司成为小职员，每个月拿着两千多元的薪水，住着地下室。而艾米呢，在学艺两年之后，就回到家乡开了一家成衣店，与此同时，她还自学服装设计专业。在若琳大学毕业的时候，艾米已经成为当地小有名气的设计师，从事高端服装订制，专门服务那些有品位的客户。若琳回到家里，看到艾米有着一个很大的设计工作室，成为不折不扣的小老板，羡慕极了。

如果若琳和艾米一起去实现梦想，那么此时若琳就和艾米一样成功，遗憾的是，若琳的选择和艾米不同。当然，这不是说若琳读大学不好，而是说若琳对于梦想不够坚持，对于人生的道路应该如何去走也没有明确的规划。据说比尔·盖茨在当年辍学的时候，也曾经邀请一位同窗好友一起辍学创业。那位同窗好友觉得辍学太冒险，想要等到学业有成之后再去创业，盖茨却认为要抓住时机。就这样，两位好友走上了不同的人生道路。十年之后，那位好友完成学业，成为一名教授，盖茨则在事业上大获成功，成为举世闻名的大富豪。选择不同，人生也变得截然不同。

在有了梦想之后，如果总是耽于想象，而不愿意展开实际行动去实现梦

想，或者因为思虑过重而"前怕狼后怕虎"，根本不敢切实去做，那么梦想就会变成空想。当然，实现梦想也是需要很多方面的因素共同起作用的，所以在实现梦想之前，要进行切实有效的规划，更要全力以赴地拼搏和努力。无论如何，只有努力奋斗的人，才能真正地实现梦想，这一点是毋庸置疑的。

不要活成别人的风景

如今这个时代怎么了？娱乐圈里有很多的小鲜肉男明星都缺乏血气方刚的气质，生活中也有太多的"妈宝男"，让整个社会都失去血性。父母为孩子安排好一切，的确是为了孩子好，但是父母难道就从来没有想过，即使父母再怎么努力，也不可能照顾孩子一辈子，更不可能代替孩子活好一辈子吗？父母不分大事小情都为孩子代劳，只是害了孩子，真正明智的父母会给孩子更多的空间去成长，也放手让孩子跌跌撞撞去开拓属于自己的人生道路。哪怕孩子会撞得头破血流，也会因此而吃尽苦头，但他们在此过程中会不断地成长，最终能打拼出一片属于自己的天地。

每个人都是这个世界上独一无二的存在，哪怕是父母，也无权干涉孩子的人生，更无权决定孩子的人生。在孩子不断成长的过程中，父母理所当然要学会退出，从手把手地教会孩子很多事情，到孩子有了一定的能力后，给予孩子自主的空间去生存，在此过程中，父母要看着孩子渐行渐远，也要亲眼见证孩子活成一道独属于自己的靓丽风景线。

既然我们本身就是一道靓丽的风景线，又何必要活成别人的风景呢？正如一位名人曾经说过的，你在桥下看风景，看风景的人在桥上看你。在这个世界上，我们总是在不知不觉间入画，成为别人的风景，也会把别人纳入自己的视野，作为我们的风景。归根结底，不要委曲求全地改变自己，因为不管我们

多么积极地迎合他人，都不可能成为他人心仪的风景，既然如此，不如做好自己，这才是最忠于内心的，也是最佳的选择。

　　早在读大学期间，嘉文就和男友刘晗展开了大学期间最美好的恋爱。在大四那年，刘晗在父母的安排下准备考公务员，嘉文的家在外地，父母都是普通的农民，所以嘉文要想留在城市，就必须自己去找工作。为此，刘晗的父母对于嘉文很不满意，主要是觉得嘉文工作不稳定，一旦失业就需要刘晗养活，就会给刘晗造成很大的压力。

　　嘉文还算争气，还没有毕业就进入一家企业，成为经理助理，工资还不低。为此，刘晗父母对于他们的恋情也就睁一只眼闭一只眼。就这样过去了一年的时间，嘉文所在的企业因为经济危机裁员，嘉文也在其中。得知这个消息，刘晗父母马上转变态度，强制要求刘晗和嘉文分手。刘晗当然不愿意放弃这段感情，在和父母抗争了一段时间之后，父母的态度没有明显转变。后来，刘晗父母索性直截了当要求嘉文：或者分手，或者让父母出钱打点关系，考上公务员。嘉文很痛苦，她不想给自己的父母增加额外的负担，也觉得自己完全可以养活自己。渐渐地，刘晗在这场拉锯战中变得犹豫和痛苦，一边是父母，一边是恋人，他也很难做出选择。看着刘晗的态度，倔强的嘉文主动提出分手。很快，刘晗就在父母的安排下和一个同为公务员的本地女孩结婚了。

　　嘉文呢，痛定思痛，先是用积蓄报名参加了自己心仪已久的一个培训班，随后开始马不停蹄地找工作。也许是因为憋着一口气，嘉文就像一个高速旋转的陀螺，学习、工作，一件也不耽误，最终进入世界五百强企业，而且获得了很好的发展。如今的嘉文，不但是企业里的中层管理者，而且也得到了一位优秀男士的青睐，可谓事业爱情双丰收。在毕业十年的聚会上，看着刘晗，嘉文突然有一种前世今生的错觉。她并不怨恨刘晗，反而很感激他。如果没有刘晗和他的父母，也许嘉文不会这么勤奋努力，最终活成了一道靓丽的风景！

与其把自己作为配角去装点别人的风景，不如让自己活成主角，变成一道炫目的风景！在人生的舞台上，每个人都应该争先恐后当主角，这样才能全力以赴活成自己想要的样子，也活出独属于自己的精彩、充实的人生。

如今，很多刚刚大学毕业的年轻人，在决定选择从事怎样的工作时，往往都保守有余，动力不足。对于人生，原本应该血气方刚的他们，选择采取守势，而不愿意采取主动的攻势。青春的时光是非常短暂的，一定要抓住宝贵的青春时光，迸发生命的力量，才能在最短的时间里改变自己的人生。正如很多年轻人所说的，年轻就是资本，作为年轻人，一定要把握住青春的资本，这样才能在最短的时间里激发出生命的斗志，也最大限度地昂扬向上。

在进行人生选择的时候，我们还要坚持一个原则，那就是不忘初心。不管是父母的态度，还是爱人的意见，都不能左右我们对于人生坚定不移的态度。我们可以参考别人的意见，尽量做出理性的选择，但不要盲目听从别人的安排，那样会导致在人生中陷入被动的局面。记住，对于自己的选择，哪怕最终失败，也要勇敢地承担责任，从失败中汲取经验和教训。这远远比盲目听从别人的建议，活成自己不想要的样子来得更好！

人生就像是一幅画卷，在这幅画卷里，每个人的角色都是画家，负责对画卷进行勾勒、描摹、上色。与此同时，每个人也是画中的一员。那么，作为画家的你，是想让自己成为画卷的主角还是配角呢？答案毋庸置疑。人人都想成为主角，若是不敢承担起责任，那么就只能沦为配角。古今中外，那些活得精彩、人生轰轰烈烈的伟大人物，没有一个人是胆小怯懦的。相反，他们是人生的强者、命运的主宰，所以才能在命运的海洋之中搏击风浪，如同高尔基笔

下的海燕一样。人生，就是要有这样的精神，才能在成长的道路上迎难而上，才能在遭遇坎坷和挫折的时候砥砺前行。记住，生命对于每个人都是非常珍贵的，因为生命只有一次，绝不可重来。要想活出精彩，活得与众不同，让生命绚烂地绽放，我们就要把握这唯一的机会。记住，生命的画卷既要有春花般的美好，也要有夏花般的绚烂，更要有秋日般的金黄，还要有冬日般的肃杀。只有全身心投入地享受生命，实现生命的价值和意义，才能体味人生的百般滋味，才能无惧无畏，无怨无悔！

第八章 勇敢拼搏，你的人生才配得上足够多的奇迹

如果你很关注成功人士，也曾经用心研究他们的成功模式，你会发现大多数成功人士都没有良好的家庭背景，而是出身贫寒，命运坎坷。他们没有轻松地获得成功的资本，而是在赤手空拳拼搏的过程中，积累了更多失败的经验，也获得了不断进取的勇气和魄力。记住，只有敢于拼搏，人生才配得上更多的奇迹。

想到就要马上去做

梦想即使再远大，如果没有行动作为支撑和保证，也会变成空想。要想用梦想充实人生，就要提升行动力，在想到之后就马上去做，这样才能最大限度地激发自身的力量，让自己更加果断坚定、勇敢无畏。很多人擅长未雨绸缪，却不知道一旦过度，就会变成杞人忧天。所谓杞人忧天，就是为那些还没有发生的事情担忧，陷入极大的忧虑之中，也因此限制和禁锢自己的行为，让自己失去勇气，不能继续勇敢地去拼搏。

其实，杞人忧天完全没有必要。事情也许很难顺利完成，但是在不断推动事情发展的过程中，因为外部客观条件和主观因素等的改变，难题也许会变得不那么难或者变得更容易实现，因而所谓的担忧也就没有意义了。从这个意义上说，在事情没有发生之前，预估事情的发展情况是有必要的，却不要被设想的困难吓倒，而应该在进行充分考虑之后，随机应变。

很多人有了金点子，没有第一时间去实现，结果导致实现金点子的最佳时机悄然逝去。等到这时，再感到懊丧，想要重新找回失去的时机，几乎不可能。曾经看过电视剧《亮剑》的人就会知道亮剑精神，在《亮剑》中，李云龙说："古代剑客与高手狭路相逢，假定这个对手是天下第一剑客，高手明知不敌，也依然要亮剑，哪怕血溅七步，虽败犹荣。"在说这番话的时候，李云龙胆气冲天，让人佩服。其实，不单战场上需要亮剑精神，在人生之中，虽然是普通人，在拼搏进取的时候，也依然需要亮剑精神。在现实生活中，很多一无所有的人之所以能够突破自我获得成功，就是因为他们具有和李云龙一样破釜沉舟的拼搏精神。在如今的和平年代，尽管我们没有机会在战场上与敌人相遇，却有可能在生活中遭遇很多的坎坷与挫折、困难与障碍，最重要的就在于要勇敢突破自己，才能在人生之中亮剑，也才能战胜人生的困境，成就勇敢无畏的自己。

一直以来，李娟都很羡慕静静在大城市里的生活，每到年节的时候，静静回到家乡，李娟听着静静的讲述，总是怦然心动。她不止一次对静静说："我真羡慕你，我要是大学毕业的时候和你一起去打拼就好了。现在我也结婚了，有孩子了，我和老公都有稳定的工作，想要放弃还真是不容易。"静静一开始以为李娟就是说说而已，因而常常安慰李娟："这样也挺好的，安逸，没有压力，可以惬意地生活，不像大城市压力大。"直到有一天，李娟因为工作的事情与领导发生了激烈的争吵，为此她打电话给静静："不管我家先生是否同意，我都要辞职北上去找你！"看到李娟的态度这么坚决，静静也承诺："其他的我也帮不上太多，但是你放心，只要你来，我保证你在找到工作之前有地方吃、有地方住！"李娟感动不已："真是我的好闺密，我知道在大城市里，像我这样两眼一抹黑的人，有地方吃住就是最大的幸运！"

后来，在李娟的争取下，丈夫同意李娟先行辞职去北京打拼，等到李娟站稳脚跟，他也会辞职追随李娟。丈夫承诺李娟："放心吧，既然想好了就去做，既然放弃了安逸的生活，我一定会全力以赴和你一起打拼，将来把老人孩子都接过去，这样你也能和好闺密静静在一起。"就这样，李娟直接辞掉工作，甚至连停薪留职都没有办。

一年之后，李娟在静静的帮助下一切都安定下来，后来丈夫也辞职过去。5年之后，他们就在北京买了房，赶在孩子上小学之前，把孩子和老人都接到身边来。看着如今幸福团圆的一家人，静静由衷地对李娟竖起大拇指："大学毕业出来打拼的人多，有了安逸的生活后还能双双辞职来大城市打拼的人少，你们俩都是好样的！"

有多少人，既不满意现在的生活，又做不到勇敢改变和突破自我。因此，他们的人生就是在抱怨之中维持原样，生命在不满意之中悄然流逝。上述事例中的李娟此前也一直在犹豫，正是因为和领导的关系变得恶劣，才让她下定决心去改变。人生之中很多伟大事业开端的契机也许并不是在看似关键的时刻出现的，而是因为一些不经意的小事就发生了翻天覆地的变化。

人生，总是要有所改变、有所进步，否则一直原地踏步，就会导致人们非常被动。为了改变现状，每个人都要有坚决改变的勇气，否则始终在人生之中徘徊，也始终怀着犹豫不决的态度，就会导致人生陷入困境，甚至止步不前。人，最宝贵的是生命，生命对于每个人都只有一次，如何把短暂的生命过得轰轰烈烈呢？就是要放开手脚，勇敢地去拼搏。

敢于冒险，人生才能精彩无限

股市上流传着一句话，那就是风险与机遇并存，也与收益呈现出正相关的关系。这就告诉我们，一个人要想获得最大的收益、要想拥有更大的机会，就一定要勇于承担风险。在现实生活中，人们做事的风格并不同，有的人做事情求稳，总是一步一步扎扎实实、稳扎稳打；有的人做事情急于冒进，总是希望一蹴而就获得成功。求稳的人进步的速度会更慢，急于冒进的人则会面临失败的巨大风险。如果能把这二者相互结合，做到稳中求胜，估算风险之后再行动，这样的人生才会更加精彩，也才能以攻势为主。

遗憾的是，现代社会中，很多年轻人在做事情的时候一味追求稳重，而不愿意加快速度，甚至不愿意承担任何风险。这一点从年轻人找工作的态度上就能看出来。例如，很多刚刚大学毕业的人，找工作的时候非常挑剔，不愿意从事压力大的销售工作，不愿意承受需要经常加班和出差的工作，也不愿意从事需要与客户打交道、以服务客户为主的工作，因为这样会受委屈。再加上对于薪水、福利的要求，使得符合年轻人心意的工作少之又少。不得不说，年轻人的确对于工作的要求太苛刻了，毕竟任何一项工作都不可能付出得少、得到得多，更不可能不劳而获。

年轻人要想得到发展的机会，就一定要有冒险和拼搏的精神。哪怕在努力之后最终失败了，至少还因为亲身经历过而有了更多的经验，也可以从失败中去总结更多的教训。一个因为冒险而失败的人，远远比一个因为害怕失败而拒绝冒险的人更值得骄傲。人，不能因噎废食，既然失败是必然的，成功是偶然的，就要勇敢地面对和迎接失败，在积累失败经验的量变过程中实现质变。记住，拼搏了未必能够取得成功，但是始终不拼搏，虽然避免了失败，却也彻底与成功绝缘。这才是每一次全力以赴去拼搏进取的意义所在！

最近，公司正在招聘新人。经过一段时间的考核，公司决定从两个留下来的新人之中选出一个作为"新鲜血液"加入基层领导层。得到这个消息，作为新人的小张和小王都很兴奋，因为刚进入公司就要升任领导，这是每个人都梦寐以求的，随着升职而来的还有加薪，简直让人怦然心动。

为了考察小张和小王的能力，领导特意派他们分别奔赴两个地方和客户洽谈。这两地的任务是相似的，也几乎在同步推进。领导认为，以目前的工作难度，很难在小张和小王之间分出伯仲。为此，领导私底下和两个客户的负责人沟通，请他们提出一个突破小张和小王权限的要求，让小张和小王定夺。因为这个苛刻的条件，谈判进入白热化，小张和小王都急于签约，为此纷纷打电话请示领导，而这个时候，领导恰巧关机，公司里又规定不许越级上报。小张和小王各自请谈判对手能多给一点时间请示，谈判对手全都表示拒绝。就这样，小张和小王坐在异地不同的谈判桌上，面临同样的困境。最终，小张擅自做主与谈判对手协商，最终以一个居中价格签订协议，而且也从其他的合作细节条款上，为公司争取到更多的利益，这样就弥补了价格的差距。而小王呢，因为无法联系领导，对方又不愿意延迟时间签约，放弃了这个千载难逢的好机会，也让煮熟的鸭子飞掉了。

回到公司，小张和小王在会议室里等待领导到来进行沟通，小

王不由得为小张担忧："你这可是严重的越权行为，是要受到处罚的，你能承担起公司的损失吗？"小张说："将在外君命有所不受，让出小小的利益公司不会有损失的，而且我还在其他条款上找补了一下呢！"小王说："说不定是要丢工作的。"小王话音刚落，领导走进会议室，说："今天，有人要被表扬，有人要被批评！"小王沾沾自喜，暗暗想道："我没有做错什么，不会批评我的，小张要倒霉了！"没想到，领导接下来说："小张在联系不上我的情况下，临时决断，顺利签约，要受到表扬。而小王墨守成规，把原本到手的生意搞砸了，看来并没有当领导的潜质。为此，小张提升部门主管，小王还要在基层岗位上多学习和锻炼！"小王听完不知道自己哪里做错了。

在古代战场上，"将在外，君命有所不受"这句话意思是：战场上的情况瞬息万变，作为将帅，不可能凡事都去征求皇帝的同意，只能根据情势及时做出决断，才能率领士兵们打败敌人。在上面的事例中，小张和小王与客户的谈判原本很顺利，就是因为领导要让他们分出伯仲，所以才临时设计了这样一道特殊的考题。在完成考题的过程中，有勇有谋有胆识的小张顺利胜出，而缺乏胆识也以不求有功、但求无过为原则的小王明显落后。因此，领导的选择也是非常明智的。

　　一个人，想要从众人之中脱颖而出，就一定要有自己的独特之处。尤其是在现代职场上，竞争非常激烈，作为领导提拔谁、不提拔谁，面对那些实力相当的人往往很难定夺。在这样的情况下，那些敢于冒险的人就会更胜一筹，因为他们宁愿犯错误，也要努力去尝试。前文说过，不犯错不是得到认可的理由，明智的领导者更赏识那些有胆识、有魄力、有闯劲、敢冒险的下属，因为只有这样的下属才能在事业上有所成就、有所创新。

　　在西方国家流传着一句谚语，大意是，对于一个人而言，如果从来不冒险，就是最大的冒险。因为一个从来不冒险的人既没有拼搏进取的精神，也没有不断突破自我的勇气，所以他们的人生处于停滞不前的状态。在这个瞬息万变、每个人都锐意进取的时代，始终保持原地踏步的人生，岂不是很可怕？

人生是需要勇气的，勇气是人生的脊梁，也是人生中源源不断的动力。天底下从未有不劳而获的事情发生，机会只属于时刻做好准备的人。所以，准备好你的勇气吧，用勇气来抓住好运气，用勇气来实现伟大的人生理想，这才是至关重要的，也才是值得你去做的！

打破墨守成规，让人生勇往直前

还记得俄国作家契诃夫笔下的"套中人"吗？他谨小慎微，不管做什么事情都畏畏缩缩，从来不敢突破自我，哪怕是听到别人一句无心的话，他也会战战兢兢很长时间，更别说打破成规了。最终，他因为恐惧羞愧而死去。其实他不是因为外部的力量而死，而是因为内心的限制和禁锢而死。现实生活中，也有很多"套中人"存在。虽然他们囚禁自己的行为表现没有契科夫笔下的"套中人"那么严重，但是他们也墨守成规，做事迂腐，思考问题总是被局限在条条框框里，非常抵触新生事物，从来不想突破和超越自我。他们是自己人生的终结者，也是时代发展的阻力来源。

对于年轻人而言，即使有满腹经纶和财力支撑，如果没有突破和创新的精神，也是很难取得伟大成就的。在很多情况下，经验固然重要，创新的价值更有意义。在如今的职场上，有一个奇怪的现象，那就是很多人都在四处奔波找工作，抱怨工作太难找，同时又有很多企业在抱怨着找不到合适的人才。这是为什么呢？显而易见，企业的用人标准与年轻人的真才实学之间没有匹配。换言之，年轻人眼高手低想找好工作，自身却并不符合企业的用人标准。现代的企业，最希望聘用的是怎样的人才呢？那就是有创新精神的人才。

众所周知，现代社会上各行各业的竞争都很激烈，因而企业要想求得生存和发展，也是非常艰难的，必须勇于创新，不断地推陈出新，才能占据一定的市场份额，获得成功。那么，企业的创新如何实现、如何保持？归根结底，企业一切精神的贯彻执行，都要靠着员工去实现，也有人说员工是企业的血液，员工的精神就是企业的灵魂。由此可见，企业聘用有创新精神的人才，是正确的选择。很多人都认为，创新是很难的，作为独立的个体要想创新更加艰难。要想创新，年轻人首先要有创新的意识，要打破思维的铜墙铁壁，要在实现自我的过程中敢于冒险、敢于承担责任，也敢于不走寻常路。很多年轻人都有思维的枷锁，这个枷锁非常坚固，牢不可破，是因为它已经变成年轻人的惯性思维，使得年轻人在成长的过程中总是情不自禁就被这只"拦路虎"拦住。

一个开锁大师自称能够打开世界上所有的锁，有个小镇上的居民决定把这位开锁大师请来展示开锁的技艺。为此，小镇居民专门特质了一个铁笼子，并让四面八方的人都来看开锁大师是如何开锁的。

开锁的日子到了，大师自信满满地进入铁笼子，让外面的人把锁锁上。外面的人锁好之后，大师就开始开锁。然而，开了很久，大师也没有把锁打开。时间一分一秒地过去，围观的人开始议论纷纷，大师也满头是汗。然而，不论他怎么尝试，都没有听到开锁的"吧嗒"声。最终，他颓然放弃，说："我无法打开这把锁。"说着，他倚靠到门上。没想到，门突然开了。原来，这把锁根本就没被锁上！

如果一把锁根本没有被锁上，开锁大师如何能把这把锁打开呢？真正让开锁大师失败的不是这把锁，而是他的惯性思维。开锁大师自称能打开世界上所有的锁，所以他每看到一把锁，就会第一时间去开锁，而完全忽略了去检查锁是否真的已经锁上。正因为如此，开锁大师才会在小镇居民面前闹出笑话来。

要想打破思维的铜墙铁壁，就要突破惯性思维。法国大名鼎鼎的生物学家贝尔纳曾经说过，真正限制人们去创造的不是未知的东西，而是已知的东西。的确如此，人们常常以经验丰富作为资本，却不知道过于丰富的经验常常限制人们的发散性思维，也导致人们在思考问题的时候总是沿袭旧有的思维模式。

如果你的心知道要去哪里，即使没有路也没关系，因为心会带着你一路前行，最重要的在于一定不要被一切固有的事物禁锢。在人生的道路上，所谓"船到桥头自然直"都是骗人的，是那些怯懦者用来自我安慰的说辞。只有在心的指引下，打破一切的束缚和禁锢，我们才能随着脚步的延伸到达理想的目的地。

勇敢抓住每一个机会

　　每当看到别人一夜成名，每一个渴望成功的人，心中都会涌起异样的感受：为何那个获得成功的人不是我？为何我就没有好运气？其实，一夜成名只是假象，那个看似被好运砸中的人，一定付出了比你更多的努力。作为旁观者，切勿只看到他人功成名就的光鲜亮丽，而忽略了他人在成功之前艰苦卓绝的努力。要知道，这个世界上从未有一蹴而就的成功，更没有免费的午餐。

　　很多人都喜欢好莱坞巨星史泰龙，也知道史泰龙是凭着电影《洛奇》才为人所知的。在外人看来，史泰龙就是一夜成名，却很少有人知道史泰龙为了进军好莱坞付出了多少努力。史泰龙绝不是外人所看到的那样一夜成名，或者是仅凭着出演《洛奇》就成名，事实上，他此前已经为此付出了很多努力，也为此做足了准备。

　　机会只属于那些有准备的人。的确如此。没有人知道机会什么时候到来，以及自己什么时候能成功，那就只有每时每刻都做好准备，这样才能抓住姗姗来迟的机会，获得成功。现实生活中，很多人因为错失机会而感到遗憾或者懊恼，世界上没有卖后悔药的，机会一旦失去，就不会再来。与其因为陷入懊丧之中而错失更多的机会，不如有的放矢地去改正错误，这样才能提升和完善自己，也才能避免再次犯同样的错误。

最近，张总在主持公司的重新装修工作，需要订制和采购大量的木质家具。为此，很多供货商都闻讯赶来，想与张总合作。张总在见了几个供货商之后，觉得这些供货商全都花言巧语，因此对他们失去兴趣，还叮嘱秘书如果再有供货商来访，一定要把他们挡在门外。

有一天，家具厂的小刘也来拜访张总。秘书对小刘一番盘问，小刘没有实话实说，而是委婉地说自己是张总的朋友。听说是张总的朋友，秘书自然不好继续阻拦。秘书把小刘带到张总的办公室。小刘看到张总就自报家门："张总，我是宏达家具厂的小刘，首先您放心，我不是来向您推销家具的，而是听到很多同行都说您的办公室里家具考究，所以才来参观和学习的。"这句话瞬间打消了张总的戒备心，让张总忍不住笑了起来。小刘看着张总背后一整面墙的实木背景，啧啧赞叹："张总，且不说这个实木背景所用的木料多么珍贵，仅仅是这做工和造型，也就足以让我们在您面前甘当后生晚辈。"张总忍不住对小刘竖起大拇指："别人都是看热闹，你是真正懂门道。这面墙的木工师傅是老前辈，他的很多作品堪称非物质文化遗产。"就这样，张总和小刘攀谈起来，小刘也在与张总的沟通中，介绍了宏达家具厂的实力。中午时分，张总还热情地留下小刘一起吃饭，让小刘想出一个具体的方案，怎样把他现在的实木背景墙保留下来！

小刘还没有与张总做生意，就与张总成为了真正的朋友，所以他也算没有欺骗秘书。后来，小刘顺利赢得张总信任，也拿下了这笔生意。

人总是需要机会的，这样才有机会展示自己并赢得他人的认可与信任。如果连最基本的机会都没有，又如何取得更进一步的发展呢？在这个事例中，如果小刘在被秘书拦住之后就不再想办法见张总，那么也就没有机会推销自己。天上从来不会掉下来机会，那些看似轻轻松松获得机会的人，在此之前都付出了辛苦和努力。所以，不要抱怨命运的一波三折，也不要抵触那些不期而至的磨难，任何时候，付出未必有回报，但是不付出就肯定没有回报。作为年轻人，还不是斤斤计较收获多少的时候，而是要全力以赴地努力，才能在人生的道路上得到"山重水复疑无路、柳暗花明又一村"的惊喜！

坚持不懈，才能找到战胜困难的方法

有的时候，命运的确爱和人开玩笑。你会发现很多磨难会突然降临，压得你喘不过气来，也不知道到底要如何应对才能得到最好的结果。不要着急，只要你有耐心，愿意静下心来思考，总能找到战胜困难的方法。退一步而言，即使你依靠自身的力量无法完全解决问题，也可以向身边的人求助。每个人都是群居动物，尤其是在分工与合作日益密切的现代社会，一个人离群索居、自给自足是无法生活下去的。作为年轻人要发挥自身的能动性，自强不息、自尊自立固然重要，学会与人分工合作、相互借力更加重要。任何时候，即使处境艰难，我们也要相信办法总比困难多。只要心中怀着希望，始终坚持不懈努力向前，就能找到解决问题的方法，真正地战胜困难。

现代社会发展速度很快，经济腾飞使得职场上的竞争也更加激烈。在职场上，最受欢迎的人才不是那些有高学历、高文凭的人，而是那些真正有能力，能够主动寻求方法解决问题的人。只有把学历与能力、创新精神相融合，才能造就新一代符合需求的人才。如今的职场面临一个窘境，一方面是企业找不到合适的人才，另一个方面是很多自诩人才的人找不到心仪的工作。任何时候，真正的人才都是稀缺资源，都是备受推崇和欢迎的。所以，年轻人如果找不到合适的工作，不要抱怨职场竞争激烈，而是要努力提升自己，增强自身的能力和实力，也把自己打造成职场上备受欢迎的人才，这样好工作就会主动来敲门。

　　作为一名刚刚大学毕业的年轻人，陆辉很清楚自己面临着怎样的就业形势，也非常珍惜每一次面试的机会。接连面试几家单位都没有得到工作的机会，陆辉有些着急。在一次人才招聘会上，他投递了二十几份简历，只得到了4个通知面试的电话。让陆辉感到高兴的是，在这4个通知的单位中，有一个单位是陆辉非常心仪的。陆辉很高兴，马上开始准备面试的事宜。

　　面试当天，陆辉因为堵车，虽然没有迟到，但是到达现场比较晚。为此，他排在比较靠后的位置。陆辉心中很着急，尤其是这个面试是当场出结果的，看到前面有好几个人都喜滋滋地从面试的教室出来，似乎留给自己的机会越来越少了。陆辉灵机一动，写了一张纸条交给文秘，让文秘代为转交面试官。确定文秘已经把纸条交给面试官，而且面试官也打开看了，陆辉的心中才平静了一些。终于等到陆辉进去面试，面试官拿出纸条，对陆辉说："好吧，你来说说，为什么我错过你一定会后悔？"看着面试官脸上善意的微笑，陆辉首先对面试官表示感谢。接下来，陆辉详细分析了用人单位的情况以及所招聘岗位的情况，而且还深入分析了自身有哪些方面非常符合用人单位的要求。接下来，陆辉畅谈了自己的人生规划、职业规划，也许是那张纸条的作用吧，陆辉侃侃而谈，面试官始终在认真倾听。当然，面试官也对陆辉提问了几个问题，之后就站起来伸出手与陆辉握手："欢迎你，小伙子，希望你能把理想变成现实！"

　　如果不是提前写了字条给面试官，也许面试官在看到条件相符的面试者之后，就会当即决定聘用，那么也就没有陆辉什么事情了。陆辉的举动很冒险，但是他没有其他办法可以选择，也就只能以这种特殊的、甚至带有一些自

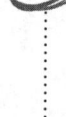

负意味的方式为自己争取到机会。

在现实生活中，你是否经常听到有人说自己真的没有办法、无计可施呢？实际上，生活中并不存在真正的绝境，只要不放弃，心中始终满怀希望，坚持不懈，就一定能够找到合适的办法去解决问题。在生活和工作中，每个人都会面临一些难题，为了更好地解决难题，就要激发自身的勇气和力量，全力以赴去想出最好的办法。否则，一旦轻易放弃或者心中懈怠，还如何能够有的放矢地解决问题呢！所以，从现在开始，再也不要说自己没有办法。办法都是人想出来的，只要你相信自己一定会想出办法，也始终坚持去想，就能创造奇迹。

在西方国家流传着一句话，"条条大路通罗马"。也有人说，"上帝更加偏爱那些勤奋努力且找准方法的人"。每个人都要认清楚现实，在如今的时代背景下，一味地埋头苦干而不讲究方法和效率的做法，早就已经行不通了，最重要的在于用正确的方法提高效率，这样才能起到事半功倍的效果。

第九章 天道酬勤、笨鸟先飞，你的努力终将得到回报

当付出没有回报的时候，很多人都会感到懊恼，甚至为了自己曾经的付出而愤愤不平，怨声载道。实际上，这个世界上，没有一份付出是徒劳的，哪怕没有得到预期的回报，也必然得到更多的经验、见识等。所谓天道酬勤，笨鸟先飞，你要相信你的努力从不会白费！

天道酬勤，让青春因为努力而无怨无悔

　　当付出没有回报的时候，你会怎么做？你是抱怨连天，觉得自己的付出通通都白费了，还是会调整好心态，擦干脸上的汗水和泪水，继续不遗余力地付出呢？有一点我们必须想明白，那就是付出之后，也许没有回报，但是不付出，就肯定没有回报。作为年轻人，要想抓住青春时光有所收获，就一定要努力付出，始终牢记天道酬勤。

　　作为年轻人，在付出的时候不要总想着自己能得到多少回报，而是要心甘情愿、无怨无悔地付出。现代社会发展速度非常快，竞争特别激烈，每个人都有远大的理想，但是真正能够实现梦想的人少之又少。即便如此，年轻人也不要颓废沮丧，而是应该锐意进取，哪怕付出没有收获，哪怕努力却遭遇失败，也比无所作为来得更好。不吃苦，不奋斗，你要青春做什么？年轻的确是资本，但不是用来养老的资本，而是用来拼搏和奋斗的资本。作为年轻人，一定要满怀斗志，切勿才刚刚展开青春的画卷，就已经步入余生。

　　作为著名歌手的刘德华，得到很多人的喜爱，也受到无数歌迷的追捧。很多人误以为刘德华有天赋，在出名的道路上肯定很顺利，其实不然。

　　刘德华17岁进入娱乐圈，一开始默默无闻，没有丝毫的名气，又因为在唱歌和表演方面都没有天赋，所以发展很慢。他一开始只能在影片里扮演小小的配角，没有任何背景，更没有得到任何前辈的赏识。所以他除了努力奋斗，没有其他的选择。后来，刘德华开始唱歌。然而，第一次上台的时候，刘德华被歌迷们起哄、喝倒彩，在舞台上简直伤透了心。无奈之下，刘德华想转行作词，但是他呕心沥血写出来的歌词，却被前辈批驳得体无完肤。然而，即便成长的道路非常艰难，刘德华也没有放弃努力。他终于在歌坛上崭露头角，得到了一些歌迷的喜爱。即便在这样的情况下，还是有人不喜欢刘德华的歌声，说刘德华根本就不应该唱歌。刘德华只能继续努力。为了小小的进步，他总是付出加倍的努力。

在长期坚持不懈的努力中，在从来不放弃的执着中，曾经的"笨小孩"终于成为大名鼎鼎的"歌王"。可以说，努力之后的刘德华，不但证明了自己的实力，也成了一代人的记忆。他的经历同时告诉我们，天道酬勤，努力真的可以改变命运。

一个总是轻易向命运缴械投降的人，根本不可能得到命运的青睐和偏爱，更不可能成为命运的主宰。任何时候，成功都与流汗、流泪甚至流血分不开。要想收获更多的果实、拥有更多的成就，我们就必须非常努力，也要坚持不懈，如此才能最终获得胜利。如今的职场上，很多年轻人都喜欢抱怨，总觉得自己付出得太多，却没有得到回报或者得到的太少。实际上，年轻人本不该问回报的，尤其是初入社会的年轻人，只有一纸文凭，缺乏实战的经验，更应该本着学习的态度，让自己在成长的过程中不断得以提升。

当然，一个人是否能有所成就，受到很多因素的制约，不可否认的是，有的时候即使付出了很多，也未必会有预想的收获。但是，就算不收获那些梦寐以求的东西，也可以从失败中汲取经验和教训，也可以收获成长，这也是一种收获。作为年轻人，不管想在哪个方面寻求发展、获得进步，都不可能一蹴

而就，唯有静下心来，在成长的道路上不断地努力前进，才能最终获得更好的未来。

　　正所谓"宝剑锋从磨砺出，梅花香自苦寒来"。天上从来不会掉馅饼，成功也不会一蹴而就。唯有脚踏实地，向着理想和目标不断前进，在人生的道路上保持进步的姿态，才能加速人生成长的过程。记住，如果一定要说成功有捷径，那么就是勤奋。还记得小学作业本上的那句话吗？"书山有路勤为径，学海无涯苦作舟。"不仅学习需要勤奋努力，人生中做任何事情都要勤奋努力，坚持进取，才能获得最好的结果。

只要勤奋，你总能距离梦想越来越近

常言道："世上事，就怕认真二字。"的确，对于那些看似很难实现和完成的事情，只要认真，总是可以找到解决的办法。所谓认真，就是努力、勤奋、坚持不懈、绝不轻易放弃，想方设法去实现目标。对于每个人而言，懒惰都是最糟糕的人生腐蚀剂。一旦沾染上懒惰的恶习，就会导致人们做任何事情都很倦怠，提不起精神来，而且会整日心神涣散、消极沮丧。有位名人说过，"一个人很勤奋，就算终日劳累辛苦，也精神抖擞，而如果一个人很懒惰，就算每时每刻都在休息，也会神思倦怠"。尤其是懒惰还会消磨人的意志，导致人在成长的道路上失去进取之心，甚至处于退步的状态。由此可见，作为年轻人，如果想要实现梦想，就一定要非常勤奋，这样才能距离梦想越来越近。

勤奋的年轻人从不拖延，他们有了梦想就会当机立断展开行动，有了好的想法就毫不迟疑地付诸实践。正是在这样的果决之中，他们才能勇往直前，越来越接近梦想。不得不说，现代社会有很多人都有拖延症，他们把勤奋当成口号去喊，在实际行动中总是以各种理由延迟行动。事实证明，一个拖延的人最终消耗的是自己宝贵的生命。所以，一个人要想有所成就，首先就要战胜拖延、戒掉懒惰。所谓笨鸟先飞，对于一个勤奋的人来说，即使他在某些方面不占据优势，也是可以以勤补拙，从而弥补劣势。

勤奋的人遇到问题从不轻易放弃，他们拥有顽强不屈的精神和坚持到底的决心与信念。面对人生的诸多坎坷挫折，他们从不抱怨。他们接受命运的赐予，也在战胜困难的过程中开动脑筋，让自己有更好的表现。也许一次两次，他们表现得不尽如人意，但是他们始终锐意进取，日久天长，总有一天会实现人生的目标，也让自己成为真正的人生强者。

作为央视大名鼎鼎的新锐主持人，欧阳夏丹在大学学习的时候，并没有那么出类拔萃。和那些北京本地的同学相比，欧阳夏丹虽然文化课成绩特别好，但是在专业课程方面表现一般，这是因为她带有乡音，普通话远远没有北京同学那么标准和悦耳。大一时，老师就开始督促同学们每天早晨练声，到了大二，很多同学渐渐懈怠，欧阳夏丹却始终坚持。在整个大学期间，她不分寒暑，每天早晨都早早起床练声。正是在这样的坚持练习之下，她的普通话有了很大的进步，而且在专业课程的学习方面也突飞猛进。

老师非常喜欢勤奋的欧阳夏丹，每当有锻炼和学习的机会，就会推荐欧阳夏丹参加。欧阳夏丹很害怕自己会让老师失望，所以得到老师认可和赞赏的她非但没有停下进取的脚步，反而更加积极和努力。欧阳夏丹对自己的标准越来越高，要求越来越严格，最终，她取得了成功。如今的欧阳夏丹尽管已经成为央视的知名主持人，但是她没有松懈，而是继续努力前行。她非常努力学习英语，想要成为一名双语主持人。相信有勤奋和努力为伴，她未来在主持工作上的表现一定是值得期待的。

有人说，笨鸟先飞。笨鸟先飞不是为了领先于人，只是为了弥补自己与他人的差距，让自己保持相对的竞争力。欧阳夏丹就是这样一个"笨鸟先飞"的人，出身普通家庭的她，即使在父亲病重的时候依然坚持学习。不得不说，她是年轻人的榜样，也是以勤奋改变命运的楷模。

每个人都是这个世界上独一无二的生命个体，每个人在生命的历程中都渴望获得成功。然而，成功从来不会不期而至，一个人要想获得成功，就必须非常勤奋和努力。也许每个人成功的定义不同，但是有一点是相同的，那就是必须通过勤奋才能渐渐接近成功。

　　作为年轻人，不要再抱怨自己与成功绝缘。如果别人在灯下学习的时候，你却在玩"吃鸡"游戏；别人在与竞争对手展开角逐的时候，你却表现得懒散惬意，那么你是没有资格抱怨命运不公的。每个人的成功都浸透着血汗，不要只看到别人成功的光环，而忽略了别人为了获得成功付出的一切辛苦。任何时候，勤奋的人总是有回报，哪怕面对同样的工作，拥有同样的能力，也会得到更多的回报。所谓"勤能补拙是良训，一分辛苦一分才"。如果你知道自己不是独具天赋的人，也没有那个好运气得到从天而降的成功，就从现在开始加速努力，勤奋付出吧！你开始得越早、坚持得越久，成功就到来得越早！

从被动工作到主动工作

职场中的很多人都在抱怨自己的工作不好：任务太重、工作时间长、领导事情多、同事不好相处……与此相对应的，就是薪水太低、福利太少、领导不赏识、同事就是传说中猪一样的队友……不得不说，这样的项目即使列举出来，也并不能说明你的工作真的不好、你的领导真的奇葩、你的同事真的难缠，而只能说明你的心态不好、你的怨气太重，所以也就决定了你的未来将一事无成。

为何有这么多人在工作方面失去心理平衡呢？就是因为他们从未主动地想要寻求平衡。当他们的心中充满怨气，自然在工作上不愿意付出，收获就会很少，甚至还有可能丢掉工作。面对同样的工作，不同的人，要比较的不是他人比自己多拿多少工资，也不是他人比自己少干多少活儿，而是自己在工作上付出的有没有别人多，够不够资格得到比别人更多的回报。

现代职场上，有太多的人都在混日子，工作只是为了赚取微薄的薪水，而丝毫没有把工作与自己的成长、进步联系起来。他们当一天和尚撞一天钟，总是为了工作而工作，而没有把工作当成事业，更没有把工作干得好坏与自己的前途和命运联系起来，这也就注定了他们会在工作上停滞不前或者遭遇淘汰。在职场上，真正的精英人物从开始工作之初，就会为自己设定远大的目标。他们坚信一分付出一分收获，所以在工作的过程中始终坚持进步，努力前行。

有些人在工作上总是推三阻四，不愿意承担更多的工作，也不愿意承担更重要的责任，那么当真正有机会可以出人头地的时候，领导肯定不会第一时间想到他们。与他们相反，那些对于工作投入更多、也更加积极主动的人，不但在工作上有出色的表现，对于工作的态度也会被领导看在眼里、记在心里。等到有好的发展机会，领导肯定会第一时间想到他们。

> 曾经，有三个泥瓦匠正在砌墙。一位记者采访这三位泥瓦匠："您好，请问您在做什么？"第一位泥瓦匠回答："我在做苦力活儿，没本事的人只能做这些活儿养活自己。"第二位泥瓦匠回答："我在砌墙，我得把墙砌得又牢固又保持水平，才能拿到薪水。"第三位泥瓦匠热情地回答："我在建造这个城市呢！看看这些高楼大厦，我也为建造它们贡献了力量！"

> 若干年之后，记者对这三个泥瓦匠展开跟踪调查。第一个泥瓦匠因为觉得砌墙太累，已经改行当乞丐了。第二位泥瓦匠还在建筑工地上忍受着风吹日晒砌墙。第三位泥瓦匠呢，已经成立了自己的建筑公司，并且承建了好几个大型的项目。

每个人对待工作的态度直接决定了他们在工作上的成就，也在很大程度上决定着他们在人生之中会有怎样的发展。一个"当一天和尚撞一天钟"那样混日子的人，是无法把工作做好的，只是在混吃等死而已；一个怀着热情和希望，希望实现自己的价值，愿意把工作做得更好，也愿意主动工作的人，才能够通过工作改变命运。

那么，什么叫作积极主动地工作呢？从最浅的层面来说，就是不吝啬力气，一旦闲下来了，就主动找活儿干；从深层次的意义上来说，就是在工作的过程中始终保持着思考的状态，寻求进步，寻找人生的出路。唯有这样，才能

不断地改变工作的状态，也才能通过持续的成长改变命运。

也许有些年轻人会说并不喜欢自己所从事的工作，或者所从事的工作与专业并不相符。的确，能够把自己喜欢的事情当成工作，是人生的一大幸运。现实生活中，的确有很多人阴差阳错地既没有从事自己喜欢的事情，也没有从事自己所学的专业。即便如此也没有关系，只要对工作始终怀着热情，也发自内心地接纳工作，想方设法在工作中实现自身的价值，就可以在工作上有更好的表现和长足的进步。现代职场，有太多的新人不知道是因为懒惰，还是因为对于工作缺乏热情，或者是因为情商太低，在工作中都非常被动。他们不会主动找活儿干，在工作的过程中也不愿意提升自己，总是被动地接受上司安排的工作，甚至还会因为拖延而被上司催促。要知道，在职场上，这种状态是非常可怕的。

人在职场，哪怕学历不高、能力不足都没有关系，只要愿意学习，总是能够有所提升的。但是态度一定要端正，要积极进取，而不要盲目地等待、被动地承受。记住，工作也许是你获取报酬的手段之一，但是获取报酬不是你工作唯一的目的。活在这个世界上，人人都要实现自身的价值，唯有得到他人的认可和尊重，我们才能满足高层次的心理需求。记住，不管是面对生活还是工作，要想占据主动，就从此刻开始凭借勤奋努力把主动权牢牢掌握在自己的手中！

工作没有分内分外

如果你想在职场上出类拔萃，获得同事的认可、领导的赏识，也希望获得各种千载难逢的好机会，那就不要把分内工作和分外工作分得那么清楚。这是因为工作的分内分外原本就不像你想的那样界限清晰、分工明确，有的工作既可以说是分外工作，换一个角度来看又会变成分内工作。尤其是年轻人，初入职场，正是证明自己的时候，更不要吝惜力气，总是强调工作的分内和分外。

做得多有什么好处呢？当大学生刚刚走出校门，走上工作岗位，多做一些工作，就能多积累一些工作的经验。不要害怕做错，因为只有在犯错误之后，你才知道自己的问题所在，也才能够有的放矢地弥补自己的不足，从而提升自己的能力。这就像是孩子参加考试。从本质上来说，考试的目的是检验孩子学习的效果。如果孩子在考试过程中没有犯错，那么一则说明孩子对于所学的知识掌握很牢固，二则也说明孩子遇到的恰巧都是会做的题目。此外，如果孩子为了避免做错题而逃避考试，这并不意味着孩子对于所有知识都已经掌握了，而是代表孩子在自欺欺人。对于犯错误，新进员工也应该怀着这样的态度，不要因为怕犯错就推卸责任，也不要因为担心犯错会给公司带来损失就束手束脚。要知道，你此刻羡慕的精明强干的职场前辈，曾经也和你一样是一个懵懂无知的职场菜鸟。他们之所以能够成长，就是因为不惧怕犯错，以及有着

无所畏惧的勇气和魄力。

有一天，还有半个小时才下班，刘军就已经完成了当日的所有工作。原来，刘军和同学说好了要一起去酒吧，中午的时候就在加班。这时候领导拿着一沓厚厚的报表经过刘军身边，看到刘军正在看手机，问道："刘军，今天的活儿都干完了吗？"刘军点点头。已经走过刘军身边一段距离的领导折返回来，对刘军说："太好了，我正愁找不到人看报表呢！"说着，领导就把报表放在刘军面前。刘军马上表现出为难的样子，对领导说："领导，我的工作已经完成了，怎么还有惩罚吗？"领导面色不悦："什么惩罚，这是现在给你的工作。不过，量还挺大的，你下班之后需要加班一个小时才能完成。"刘军当即喊道："领导，这不公平，为何那些磨磨蹭蹭没有提前完成工作的同事可以按时下班，我明明提前完成工作，却要晚下班一个小时呢？"领导笑起来："因为你现在没有事情干啊！"刘军问："那我可以干到下班的时候就下班吧，这根本不是我的分内工作啊！"听到刘军还在喋喋不休，而且办公室里的很多同事也在看着自己，领导真的生气了，当即对刘军说："如果你现在递交辞职报告，这就不是你的分内之事；如果你不想辞职走人，这就是你的分内之事。现在我正式通知你，如果你现在改变主意，认为这是你的分内之事，那么在7点之前把报表发到我的邮箱里。"说着，领导走开了。

刘军气得七窍冒烟，但是他不能因为一时赌气就失去这份得来不易的工作，所以他只好发微信给同学取消晚上去酒吧的聚会。此后，领导一直看刘军不顺眼，经常给刘军分配一些额外的工作，刘军敢怒不敢言，终于在连续好几个晚上加班之后，选择了辞职。

如果不是因为刘军把分内和分外的工作区分得这么清楚，领导也许还不会对刘军有意见，更不会因为生刘军的气而常给刘军布置额外的工作。也许领导的初衷不是故意折腾刘军，而是让刘军彻底知道工作上是没有分内分外之说的，遗憾的是，刘军还没有领悟到这个道理就选择了辞职。

很多职场新人都特别讲究分内分外，因而只做自己该做的事情，而从不做任何多余的事情。但是，在现实的职场上，有很多工作的确处于灰色地带，没有那么清晰的界定。作为职场新人，切勿吝啬力气，别说是领导布置的工作，就算是同事之间需要帮忙，多做一些事情又有何妨。当然，乐于助人也需要一个限度，不要成为老好人，总是默默无闻地给他人帮忙，反而影响了自己的正常工作。

人在职场，千万不要认为做好分内的工作就足够了。如今的职场上人才济济，一个人不求有功、但求无过地混日子，未来的发展前景堪忧。明智的职场新人还会主动请缨，做一些额外的工作呢！这样一来可以给领导留下好印象，二来也可以在实践的过程中提升能力、积累经验，为未来的发展奠定基础。如果你是一个立志于在职场上有所作为，也把工作当成事业去对待的年轻人，那么就要发挥积极主动的精神，在职场上有更好的表现。不要害怕做得多错得多，因为只有做得多，你才能成长得更快！

每天多做一点点，量变引起质变

在心理学领域，有一个著名的 10 万小时定律，意思是说当一个人可以坚持做一件事情达到 10 万个小时，那么他在这件事情上就会有所成就，取得良好的结果。乍听起来，10 万个小时非常漫长，实际上，按照每周工作 5 天、每天 8 个小时进行计算，5 年就可以积累到 10 万个小时。而如果是兼职，按照一年 365 天，每天 3 个小时算，10 年就可以累积 10 万个小时。这也就告诉我们，做一份工作，最多用 5 年的时间去沉淀，就一定有所成就。发展一个兴趣或者爱好，只要有 10 年的坚持，就一定有大的改变。因而，每个人做事情的时候，有兴致与热情固然重要，能够长期坚持下去，绝不轻易放弃，更为重要。

物理学上提出了量变引起质变的论点，例如，三五株的薰衣草看起来平淡无奇，但是如果有一大片薰衣草汇聚成薰衣草的花海，就会让人感到心旷神怡，也大为震撼。其实在追求成功的过程中，量变引起质变的真理同样适用。因此，作为年轻人如果想有更好的成长和更大的进步，就要坚持每天多做一点点，每天进步一点点。这样日久天长积累下来，就会获得质的飞跃和进步。

古人云："业精于勤，而荒于嬉。"从古至今，每一个获得成功的人都比常人付出了加倍的努力，而且进行了长久地坚持。有些人对平日里的点滴积累

160

不放在心上，觉得所谓成功，就是要一蹴而就，就是要惊天动地。其实不然。"不积跬步无以至千里，不积小流无以成江海。"任何时候，要想获得成功，都要脚踏实地，一步一个脚印。任何时候，只有不懈努力，才能获得长足的进步；只有绝不放弃，才能获得真正的成长。

　　阿基波特是美国石油公司里一个名不见经传的小职员。他刚进入公司不久，表现平淡无奇，所以很少有人认识他。然而，随着他的一个小小习惯在公司里流传开来，越来越多的人听说了他的名字，甚至董事长也对他感到好奇，主动提出要请他吃饭。那么，阿基波特的小小习惯到底是什么，又有什么与众不同呢？

　　原来，阿基波特不管是去商场里购物，还是去外地出差住旅馆或者是给朋友和家人写信，都会在需要署名的地方写上"标准石油每桶4美元"的字样，然后再在这句话的下方写上自己的名字。渐渐地，周围的同事忘记了阿基波特的名字，都称呼他为"每桶4美元"。日久天长，这个奇怪的外号传到董事长耳朵里，董事长马上就对这个与众不同的职员产生了浓厚的兴趣，当即提出要请这个职员吃饭。在饭局上，董事长问阿基波特："你在工作时间里说宣传口号我可以理解，但是在诸如写信等这样的私人时间里，你也这么做，到底是为什么呢？"阿基波特回答董事长："这只是举手之劳就可以做到的事情，我只要多说一次，就多一个人知道，这个人还有可能告诉身边的人，何乐不为呢？"董事长非常欣赏阿基波特，此后开始有意识地培养阿基波特作为他的接班人。果然，董事长离任的时候，提名阿基波特担任董事长。

看到阿基波特就这样获得了董事长的认可和赏识，也获得了成功，一定有很多人感到愤愤不平：不就是在签名之前先写上公司的标语吗？这并没有什

么难的，我也能做到。的确，你也能做到，那是在你知道这么做对于自己非常有利的情况下，你出于功利心才这么去做。阿基波特的可贵之处在于，他不放弃每一个机会为公司宣传，坚持额外为公司做一些点点滴滴的事情，在当时根本不知道是否有回报。有人过日子按天过，有人过日子按年过。当前者因为一天已经过去而懈怠的时候，后者却因为一年快要过去，而抓住时间的小尾巴继续努力和拼搏。一年有 365 天，如果每天都能坚持进步一点点，那么日积月累进步就会非常大。人生之中，不要被日子推着走，而是要推着日子走。

人在职场，最重要的不是做多么伟大的事情，而是能否坚持把该做的事情做好。一个人做一件好事很容易，做一辈子好事很难；一个人一时不犯错误很容易，从来不犯错误很难。尤其是作为职场新人，切勿眼高于顶，好高骛远，而是要先把该做的工作都认真做好，保持稳扎稳打的作风，然后才能继续深造，从而让自己得到更好的发展。

作为年轻人，如果你对自己眼下从事的工作不满意，也想要更进一步地提升自己，那么就要在做好本职工作之余付出额外的努力。例如，你想从事人力资源管理的工作，即使本来学习的是文秘，也可以自学人力资源管理课程，考取相应的学历证书；再如，你原本是导游，但是你英语很好，你想当翻译，那么你可以在带队旅游之余继续自学英语，或者可以报名参加线上的教学课程，从而提升自己的英语水平。记住，大学毕业时的文凭只能代表你当时的能力和水平，而不能决定你的一生。如今是提倡终生学习的年代，每个人都要更加积极努力，保持时刻学习的好习惯，才能与时俱进，也才能证明自己的能力和实力。

第十章 拒绝拖延，唯有当机立断、勇往直前的青春才能绽放光彩

人们希望自己的青春光彩无限，然而有了好的想法却不当机立断去行动，面临人生之路的岔路口也总是犹豫不决……渐渐地，他们习惯了拖延，习惯了放缓生命的节奏，最终导致青春时光悄然流逝，才惊觉自己距离梦想特别遥远。作为一个有梦想、有志向、有抱负的年轻人，一定要拒绝拖延，不管做什么事情都要当机立断、勇往直前，从而让青春绚烂绽放。

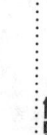
我生待明日，万事成蹉跎

在明朝，钱鹤滩为了劝谏人们珍惜时间，写下了一首《明日歌》：明日复明日，明日何其多，我生待明日，万事成蹉跎。世人若被明日累，春来秋去老将至。朝看水东流，暮看日西坠。百年明日能几何？请君听我明日歌。

在《钢铁是怎样炼成的》中，奥斯特洛夫斯基说："人最宝贵的是生命，生命对于每个人只有一次。"大文豪鲁迅先生也曾说："时间是组成生命的材料，浪费别人的时间就等于谋财害命。"鲁迅先生还说："时间就像海绵里的水，挤一挤总是有的。"鲁迅先生是一位高产的作家，他一生之中以笔为枪，创作了很多作品。他曾经说："世界上哪里有天才，我只是把别人喝咖啡的时间用于写作而已。"由此可见，很多伟大的人都特别珍惜时间，尤其爱惜生命。他们不是惜命，而是想要最大限度地发挥生命的能量，创造辉煌的人生。

很多年轻人都不曾认识到时间的宝贵，他们总觉得自己还年轻，认为自己有足够的时间可以挥霍。其实不然，时间对于每个人都是公平的，不管是面对老人还是孩子，不管是面对成功的人还是普通的人，时间滴滴答答从来没有为任何人驻足和停留过。不管是追名逐利还是甘于平庸，一切都要建立在拥有生命的基础上。一旦失去生命，所有事情都毫无意义，所以每个人都要珍惜时间，都要通过掌控时间来主宰命运和人生。

即使是年轻人，也要把握时间，珍惜机会，而不要以年轻为资本肆意妄为，更不要以年轻为资本放纵自己。古人云："少壮不努力，老大徒伤悲。"对于年轻人来说，如果年轻的时候不努力，等到青春的光阴流逝，再后悔就晚了。在生命之中，有很多的资源都是值得珍惜的。在这么多的资源之中，最为重要的资源就是时间。光阴宝贵，一寸光阴一寸金，寸金难买寸光阴。

散文家朱自清也曾经写过关于光阴流逝的散文《匆匆》：燕子去了，有再来的时候；杨柳枯了，有再青的时候；桃花谢了，有再开的时候。但是，聪明的，你告诉我，我们的日子为什么一去不复返呢？从朱自清略带惆怅的文字里，我们的确感受到了时光匆匆一去不返的怅然若失，更何况，我们还有着远大的梦想没有实现，还距离成功的目标很遥远！那么就从这一刻开始，珍惜时间、把握时间，再也不要让时间匆匆而过、不留痕迹！

人生有三天，昨天、今天和明天。昨天已经成为过去，变成不可更改的历史；明天还未到来，是无法掌控和把握的。对于每个人来说，都只有今天，才是唯一能够握在手中的。要想有充实的昨天，无怨无悔，就要过好每一个今天，因为今天逝去就变成了昨天；要想拥有值得期待的美好明天，也要过好每一个今天，因为今天将会奠定明天的基础、为明天的到来做好铺垫。每个人都要活在当下，千万不要把梦想推得太远。如果不能从梦想诞生的那一刻起就为了实现梦想而努力，而总是推三阻四，那么我们距离梦想就会越来越遥远，直到梦想变得遥不可及，人生也变得空洞乏味，不可追忆。

早在上大学之前，刘倩就下决心进入大学之后要一边努力学好大学课程，一边参加其他的培训课程，提升技能，为将来找工作做准备。在经历了黑色的六月之后，刘倩一下子放松下来，她和同学们把书本都撕碎扔掉，还把住宿的生活用品也统统扔掉或者砸碎。刘倩觉得自己在高考之前身上压着一座巍峨的大山，而在高考之后，她却突然飞上了云端。刘倩想道：高考终于结束了，就让我在这个

暑假里好好地疯狂一把吧！

快乐的日子总是过得飞快，刘倩早就把自己准备利用高考之后的暑假考驾照的想法抛之脑后。进入大学之后，感受着全新的校园环境，刘倩心中轻松愉悦，又认识了很多有趣的同学，让刘倩和同学们玩起来更是忘了一切。她和室友们结伴逛街或者通宵达旦地上网"吃鸡"。偶尔，刘倩也会感到不安：大学的生活和学习计划早就制订好了，什么时候才能实现呢？然而，这样的念头转瞬即逝。刘倩继续和同学们玩乐在一起。他们玩得花样频出，从来不觉得厌倦。

当然，也不是每一个同学都和刘倩这一群人一样爱玩。在教室里，有几个同学总是显得很另类，他们除了上课，就是去兼职，其他的时间里就是在利用兼职挣来的钱参加培训班，学习技能，考取各种证书。大学四年的时间很快就过去了，进入大四，大家再也不能这么昏天黑地地玩，而是纷纷去找工作。每次面试，刘倩都感到很尴尬，因为她除了那个还没有到手的本科学历之外，没有任何能拿得出手的履历。她既没有兼职的经验，也没有更多的证书证明自己。看着那少数几个同学拿出英语八级、钢琴八级、计算机、教师资格等五花八门的证书，刘倩恨不得找个地洞钻进去。

青春的时光看似很长，实际上弹指一挥间。作为年轻人，切勿自欺欺人当寒号鸟，总是告诉自己"明天就垒窝，明天就垒窝"，最终却被呼啸的寒风活活冻死。年轻的确是资本，但是年轻从不是拿来挥霍的。我们无法决定生命的长度，却可以努力让自己过得充实，拓宽生命的宽度，让生命更加充实有意义。

年轻人可以缺乏很多能力和技能，这都可以慢慢去学习，但是一定要拥有掌控时间的能力，因为时间是最大的资本，也是人生中最大的成本。时间一旦错过就再也回不来，青春的光阴一旦失去就再也不可能得到。年轻的朋友们，抓住今天的每一分每一秒吧，只有充实地度过当下，你才会有更加从容璀璨的未来！

第十章

拒绝拖延，唯有当机立断、勇往直前的青春才能绽放光彩

拖延让生命变成时间的躯壳

一个人如果不能当机立断展开行动，总是犯拖延的坏毛病，就会让时间在不知不觉间流逝，也会让生命变成时间的躯壳。拖延的原因有很多，有的拖延是因为没有时间观念，有的拖延是因为缺乏兴趣，有的拖延是为了逃避，有的拖延是为了消极对抗。总而言之，不管是何种原因引起的拖延，对于生命而言都是一种负能量，也会导致生命陷入困境之中无法自拔。

你是否有过这样的经历，明明前一天晚上计划好要在次日清晨起床去跑步，但是从计划实施的第一天开始你就在拖延，直到半个月之后，你彻底放弃跑步的计划。有的时候，你明知道手里的工作要在周五上交领导，但是你从周一就在告诉自己"明天就开始做"，结果时间悄然流逝，不经意间就从周一到了周五早晨，但是你的工作还没有完成，甚至还没有开始动手做，怎么办？你开始抓紧赶工，脑子也在飞速旋转，思考着自己应该以一个怎样的理由暂时搪塞领导。最终，你把赶工完成的工作交上去，非但没有功劳，也没有苦劳，还被领导劈头盖脸狠狠骂一通。你的工作错误百出、漏洞无数，领导都不知道应该怎么批评你，只好笼统地说你敷衍了事，态度不认真。天知道你有多么想把这个工作做好，只是拖延害了你，让你这么被动。

归根结底，拖延都是你的错，而不是别人的错，你必须自己承担责任。不管是领导的批评指责，还是公司的不信任，甚至想要辞退你，你都没有理由抱怨，只能独自默默承受。你也很恨自己这么拖延，但是你不知道如何改变，才能让自己表现更好一些。现实生活中，和你一样深受拖延症困扰的人不在少数，因为拖延，他们总是把原本可以做好的事情搞砸了，也总是让自己被他人批评和否定。为此，他们的自尊心受到伤害、自信心受到打击，内心凌乱不堪。那么，怎样才能彻底戒除拖延症呢？

若薇是经理助理，平日里的工作就是为经理准备各种文件，有的时候经理需要公开发言，她还要帮经理准备发言稿。周一的时候，经理就告诉若薇："若薇，给我准备一份发言稿，也许周五要用。"若薇当时心里想："周五也许要用到，那么就意味着也许用不到，我现在准备还太早了，为了避免做无用功，最好等到周三的时候确定没有变化再准备。"就这样，若薇周一、周二、周三，都没有把准备发言稿的事情提上日程。直到周四，经理问若薇："若薇，发言稿准备好了吗？下午一点之前给我！"一点之前！一点之前！一点之前！若薇的内心是崩溃的，因为经理说这话的时候已经是上午 10 点钟了。若薇连午饭都没有时间吃，一直在抓紧准备发言稿，还担心经理会更早索要。

好不容易赶在 12 点 45 分之前把发言稿准备好了，但是她已经没有时间检查了，只好匆匆忙忙浏览一遍，看到语句还算通顺，就发到了经理邮箱里。原来，经理要参加的会议提前到周四下午两点了，难怪经理要发言稿呢！若薇暗自庆幸自己没有耽误事情，没想到经理开完会回来对着若薇劈头盖脸一通数落："你怎么回事，是没心还是没肺呢？"若薇惊诧地看着经理：经理平日里文质彬彬，这是怎么了？经理继续生气地说："你今天真是让我丢人丢到家了，你的发言稿用的是上上个季度的报表。马上收拾东西在我眼前消失，我不需要你这样的助理！"就这样，若薇瞬间失去了这份众人美慕的工作，

而导致她失去工作的罪魁祸首就是拖延。若薇后悔万分：如果我能早一点准备发言稿，如果我能有时间认真检查一下，我现在还是拿着高薪的白领啊！然而，世界上没有后悔药，很多事情也没有办法重来。

一个人即使非常努力，也会因为拖延而陷入被动的境地。偏偏这个世界上没有后悔药可以买，很多事情更没有重来一次的机会。其实，拖延不是成年人才有的坏习惯，很多孩子从小就有拖延的表现。如果父母没有发现他们的拖延症状，也不曾有的放矢地纠正他们的拖延行为，渐渐地，孩子的拖延症就会变得越来越严重。不但影响他们的学习，也会影响他们未来的工作与生活，会导致他们被人误解、责怪，当然也有可能被辞退。

凡事要赶早不赶晚，这是因为当把事情做在前面，如果发现有做得不好的地方，还可以及时改进；如果把事情做到后面，甚至已经到了没有多少时间的情况下再去匆忙完成，那么即使发现有错误或者意识到自己应该认真检查，也没有机会了。从这个意义上来说，拖延其实是把自己逼入死角。所以，明智的人会尽早完成任务，而不会一味地拖延，更不会因为拖延而让自己处于被动。

作为年轻人，一定要尽量戒掉拖延的坏习惯，当拖延症复发的时候，要当机立断逼着自己从板凳上站起来、从床上爬起来、从网络上的无聊视频中挣脱出来，马上去做该做的事情，也要集中精神把该做的事情做好。当长期陷入拖延的状态，人们还会失去信心，导致做什么事情都毫无兴致，也提不起精神来。拖延会给热爱幻想的人带来更深重的惆怅；拖延还会贻误最佳时机，使得原本可以圆满解决的问题在拖延的过程中变得无法解决。可想而知，拖延的后果有多么严重！

要想获得成功，就要从此刻开始彻底戒掉拖延的坏习惯。只有不拖延，人生才能当机立断；只有不拖延，才能给予自己更多的时间去改变糟糕的状态。要想改掉拖延的坏习惯，就要从点点滴滴做起。例如，可以准备一个闹钟，为自己限定完成某一件事情的时间；要让自己内心变得强大，对于那些畏惧去做的事情，不要退缩；尤其是当拖延出现恶果的时候，不要逃避，而是勇敢承担责任，以此作为对自己的惩罚，这也是同样有效的方法。戒掉拖延需要做到的细节很多，我们要树立正确的思想意识，也从生活中的每一个细节做起，才能顺利戒掉拖延症。

此刻的努力，才能换来充实的人生

甘蔗没有两头甜，其实人生也和甘蔗一样，不会两头甜。你要想在未来拥有充实美好的人生，此刻就要多吃苦、勤奋努力。如果你在年轻的时候总是贪图享受，而人到中年甚至人到老年再去努力，可想而知，你的人生要在一个又一个苦头中度过。

有人说，安逸享受恰恰意味着苦难即将开始，而刻苦拼搏才意味着幸福的大门即将打开。作为明智的年轻人，一定不要在应该奋斗的年纪里选择安逸，因为安逸的生活就像一潭死水，并不适合心中怀有梦想、浑身充满力量的年轻人。勇敢的年轻人会选择奋斗，无须理由。只要有梦想的指引，奋斗就会有无穷无尽的力量。

古人云，"生于忧患，死于安乐"，就是告诉我们在忧患的状态之中，人们的生命力会更加顽强；而在安逸舒适的环境里，人们的生命力会渐渐减弱。在西方国家，曾经有一位伟大的科学家进行过一项著名的实验，这个实验的名字尽人皆知：温水煮青蛙。科学家烧了一锅水，等到水到达沸点的时候，科学家把一只活蹦乱跳的青蛙扔到水里，结果青蛙马上就从水里跳出来了。接下来，科学家准备了一锅冷水，把青蛙放到水里。水温很合适，青蛙在水里快乐地游来游去，丝毫也没有逃走的意思。这个时候，科学家在水下面点燃火苗，而且把火苗保持在微弱的状态。水渐渐地升温，青蛙没有意识到水在变热，依然在

172

水里游来游去。等到青蛙感受到水的温度在上升的时候，它已经没有力量从水里跳出来了。就这样，这只青蛙被煮熟了。

安逸的环境何尝不像温水煮青蛙！所以，在现实生活中，很多命运多舛的人反而能够拼尽全力与命运抗争，活出自己的精彩；那些生活顺遂如意的人则早就已经习惯了安逸的生活，也失去了奋斗的激情和斗志，最终碌碌无为一生。从这个意义上来说，逆境既是人生的试金石，也是人生的点金石。身处逆境的人，只要自身有不服输的精神，就会更加精神抖擞、斗志昂扬。

在现实生活中，我们常常会看到各种提示的标语，其实这些标语就是为了告诉人们危险无处不在，一定要时刻警惕，否则，一旦头脑中的那根弦放松了，危险就会随时发生。很多时候，人生重要的转折点并非出现在那些尽人皆知的关键时刻，而是因为一个小小的契机，人生就会发生改变。例如，在崎岖的山路上，人不容易摔跟头，是因为人会一直小心谨慎地看着路；在平坦的大道上，人很可能因为一个不起眼的小石头而被绊倒或者崴了脚，这是因为在被这个小石子伤害之前，他们根本没有意识到危险的存在。

在寒冷的冬日，每个人都贪恋温暖的被窝，不愿意被被窝的外冷空气侵袭。日本为了磨炼小学生的意志，常常会在天寒地冻的日子里组织小学生在室外进行冷水浴，或者只允许小学生穿着很少的衣服在室外跑步。在中国古代，司马光勤奋好学，不愿意浪费更多的时间睡觉，就为自己准备了一个圆木做成的枕头。每当睡得太沉，这个枕头就会咕噜咕噜滚走，这样一来，司马光就会醒来，马上继续学习。在中国古代，类似的励志故事很多，例如头悬梁锥刺股等，都在激励着后人们不断地努力和进取。

现代社会发展速度很快，竞争激烈，作为年轻人，当看到比你优秀的人都在努力，你还有什么资格享受安逸呢？从此时此刻开始，努力调整好心态，认识到现实的残酷和竞争的激烈，也确定自己肩负的责任和义务，从而全力以赴，在人生的成长之路上砥砺前行。记住，年轻是人生最大的资本，也是人生之中最珍贵的财富。每一个年轻人都要吃苦在前、享乐在后，都要先努力奋

斗，才有资格去享受。人太舒服了，一定不是好事情，因为过于舒服会消磨人的斗志，也会毁灭人的精神，更会让人在成长的过程中放缓节奏。不要说岁月静好，因为对于从来不努力的人，岁月静好根本不存在；不要说来日方长，因为在你这么说的过程中，所剩的可以努力拼搏的日子早已不多。光阴易逝，岁月荏苒，只有抓住时光，才能搭乘时光之箭向前！

养成今日事今日毕的好习惯

工作是什么？有人把工作排在生活的第一位，唯工作至上；有人把工作作为生活的方式和手段之一，工作的目的是赚取薪水；有人认为可以通过工作来实现自身的价值，确定自己的地位；也有人觉得工作就是为了好玩的。然而，不管怀着怎样的心态去工作，一旦进入职场，就要慎重对待工作，要与所有的职员一样去完成工作。

对于有拖延症的人而言，最可怕的事情莫过于看着工位上堆积如山的工作，却不知道从何下手；最糟糕的就在于，上司已经来催着要结果，自己却不知道如何从繁杂无序的工作中将其完成。工作是经不起堆积的，因为成长是有顺序的。熟悉孩子的人都知道，孩子的成长有内在的节奏，因而孩子所要做的就是按部就班地去一一实现，这样才能成长得更好。父母既不能延缓孩子的成长节奏，也无法加快孩子的成长节奏，而是要尊重孩子的成长节奏。其实，不光孩子的成长有节奏，每件事情都有节奏。例如工作，如果工作没有节奏，就会导致推进的速度毫无规律，时而快速，时而缓慢，最终无法如愿以偿地获得高效率，反而会导致各种事情一团糟糕。作为年轻人，如果本来就有些懒惰，也很喜欢拖延，就更要预先制订工作的计划，然后按照计划严格去执行。唯有如此，才能形成良好的节奏，也才能在工作上有更好的表现。

秋月是一名编辑，在没有生孩子之前，秋月一直在工作。然而，孩子出生之后，婆婆身体不好，伺候秋月坐完月子就回老家了，妈妈又因为要照顾还在上班的爸爸，也不能过来帮忙。为此，秋月决定辞职专心照顾孩子。

忙忙碌碌的日子过得很快，转眼之间，孩子已经三岁了，到了入园年龄，秋月决定开始兼职工作，一边写稿子，一边接送孩子。起初，秋月把这样的生活想象得很好，也觉得在孩子去幼儿园之后，自己每天都会有大把的时间写作。然而，真正开始了这样的日子，秋月才发现已经习惯了全职妈妈生活的她，要想实现目标真的很难。有的时候，孩子生病不能去上学；有的时候，秋月要做家务；有的时候，秋月因为要和好朋友去逛街，感受久违的轻松；有的时候，秋月晚上没有睡好觉，需要补一个午觉。就这样，秋月原本拍着胸脯向主编保证3个月内一定交稿，结果时间已经过去了两个月，秋月连十分之一的稿件还没有完成。

秋月有了紧迫感，也意识到当个兼职工作的全职妈妈并没有那么容易。她把所有的工作都罗列出来，然后根据剩下的日子进行了安排。每天，她送了孩子去幼儿园，回家之后不着急做家务，而是先完成当天的稿件。一开始，这很难，因为看着乱糟糟的家里，秋月根本静不下心来完成稿件。但是当她决定先收拾好家里再开始工作，却发现自己心神涣散，连一个字也写不出来。最重要的，幼儿园4点钟就放学了，秋月深切感受到光阴似箭，她还什么都没有做呢，就要去接孩子放学了。为此，秋月只能狠狠心，每天忍受着家里的脏乱差，先完成稿件，再去做其他事情。

经过半个多月的适应，秋月终于把心归到工作上，也可以做到专心致志地工作。看着书稿渐渐成型，秋月非常有成就感，也觉得再次实现了自己的价值。

当一个兼职工作的全职妈妈，而且从事的是需要专心致志的写稿工作，对于秋月来说，的确是个挑战。既然意识到自己的自控力没有那么强，秋月接下来的应对策略还是值得提倡的。那就是当机立断地把工作均分到每一天，而且无论多么艰难，都要按照计划完成。正是在这样严格管理自己的过程中，秋月才找到工作的节奏，也才把工作整理得井井有条，大大提升了效率。

其实，不仅是兼职工作者会有拖延的行为，全职工作者同样如此。很多年轻人尽管不需要照顾孩子和家庭，按道理来说是可以全力以赴把工作做好的，但是他们每天刷刷朋友圈，看看花边新闻，再与同事闲扯几句，时间就这样不知不觉溜走了。要想珍惜时间，把每一分钟都利用好，年轻人就要摒弃各种杂念，甚至在工作的时候把手机关闭，这样才能全心全意工作，最大限度提升工作的效率。

今日事，今日毕——不管是对于学习的学生，还是对于工作的成年人，都是一种非常好的习惯，否则，一旦被拖延控制，导致在面对每件该做的事情时都第一时间想到拖延，那么就会因为各种事情的堆积而变得心力交瘁，也会因为无法按时上交该做的作业或者工作而给老师或者领导留下恶劣的印象，甚至失去他们的信任，这样的结果显然是非常糟糕的。当你坚持今日事今日毕，你会发现人生中的每一天都变得很充实，秩序井然，也有所收获，这种感觉简直美妙极了。

拖延的人永远无法抓住机会

没有人知道机会会在什么时候来到身边，所以人们才说机会只属于那些有准备的人。而作为一个爱拖延的人，只能眼睁睁地看着机会从身边悄然溜走，这种情况下产生的懊丧、绝望等情绪，都会给人以打击。

很多年轻人都抱怨自己没有生在好时候，他们认为乱世出英雄，在和平年代里要想建功立业根本不可能。其实不然。既然你没有出生在乱世，就要珍惜和平年代里更多的好机会。否则，一味地抱怨，既不能让自己穿越时空回到乱世，也无法督促自己做好准备等待机会到来，反而因为手足无措而错失了机会，岂不是更大的损失吗？

每一个人都要活在当下，因为当下这一刻就是最好的时候。活在当下，立即行动，才能抓住转瞬即逝的好机会，才能不辜负好机会，这是最重要的。尤其是在有了梦想之后，一定不要思来想去、瞻前顾后。记住，未雨绸缪是有必要的，但是杞人忧天完全没有必要。正如一句网络流行语所说的，"一个人哪怕心动一万次，也不如切实地行动一次"。和那些好想法相比，切实的行动才具有更加现实的意义。

很多人之所以迟迟不敢把自己的设想付诸实践，就是因为想到有可能会出现很多糟糕的结果。实际上，糟糕的结果未必会变成现实，而且你所担忧和焦虑的一切也并非真的会发生。在展开行动的过程中，事情在不断地向前发展，你的努力也在推动事情向好的方向发展，说不定还没有等到最坏的结果出现，问题就已经解决了。因而，在设想糟糕的结果之后，最重要的不是裹足不前，而是下定决心就马上行动，绝不能有片刻迟疑。

　　一直以来，杰西卡的梦想都是成为一名歌星。因为从小时候起，就有很多人说她长得漂亮，有当明星的潜质。然而，杰西卡不知道如何才能实现自己的梦想。为此，她每天都在等待被星探发现。最终，杰西卡也没有成为歌星。

　　艾若琳和杰西卡一样想成为歌星，但是没有杰西卡漂亮。不过艾若琳自信心很强，她相信自己只要努力，就一定能够实现梦想。家里没有钱，艾若琳就四处打工，赚钱去学习声乐。有了一定的基础之后，艾若琳还会主动去酒吧驻场。她甚至不要薪水，免费为酒吧驻场，只是为了让自己得到锻炼的机会。艾若琳的唱功越来越好，她不甘心一直在家乡，就背起行囊去了大城市。在大城市，艾若琳一边工作养活自己，一边利用空闲时间去地下通道等地方唱歌，去露天酒吧驻场。就这样过去好几年，有一天，艾若琳在朋友的推荐下加入了一家经纪公司，成为签约歌手。在经纪公司的包装下，艾若琳小有名气。她继续努力，最终成为真正的歌唱家。

两个女孩有同样的梦想，杰西卡的条件甚至比艾若琳更好，艾若琳却最终获得了成功，杰西卡却距离梦想越来越远，也许再也没有机会实现梦想。之所以如此就是因为杰西卡和艾若琳对待梦想的态度不同。杰西卡只是被动地等待被星探发现来实现梦想，而艾若琳的态度更加积极，她没有条件就自己创造条件，一步一步地往前走，最终从一个名不见经传只是热爱唱歌的女孩，走到了真正的舞台上，成为梦想中的职业歌手。

　　成功者与失败者最大的区别是什么？对此，仁者见仁，智者见智。实际

上，成功者与失败者最大的区别，就是成功者能够当即展开行动，朝着梦想飞奔而去，而失败者在有了梦想之后，总是耽于想象，不能够下定决心把心动变成行动。

成功实际上并不像人们想象中那么复杂，在追求成功的道路上，不假思索地盲目冒进是不行的，总是耽于想象而把自己吓得止步不前，更加不可行。如果一定要在冒进和保守之间做出选择，那么宁愿冒进，也不要保守地止步不前。当然，更好的做法是在理智思考之后，勇敢地承担起责任，坚定不移地朝着目标奋进，哪怕失败了也绝不懊丧，而是从失败中汲取经验和教训继续砥砺前行。记住，成功始于行动，而不是始于心动。做人既要脚踏实地，也要敢想敢干。唯有把梦想切实落实到行动，让梦想距离现实更进一步，在追求成功的道路上始终坚持努力奋进，我们才能实现梦想。作为年轻人，你还在怀揣着梦想却无限期地拖延吗？从现在开始，就迈出走向成功的第一步，并且坚定不移地走下去，你一定会有惊喜的发现！

第十一章 好机会千载难逢，拼尽全力勇敢出击才能改变命运

每个人都渴望得到好机会，这是因为他们很清楚好机会在生命中可遇而不可求。所以，一定要随时准备好迎接机会的到来，也要拼尽全力、不遗余力地勇敢出击，这样才能真正改变命运，创造生命的奇迹。

做好准备，才能抓住机会

现实生活中，常常有人抱怨自己没有碰到好机会。实际上，命运对于每个人都是公平的，它给人关上一扇门，就会给人打开一扇窗。因此，要想真正抓住机会，在机会悄然到来的时候，绝不让机会悄悄溜走，就要做好充分的准备，这样才能当机立断抓住机会，也才能借助机会展翅翱翔。

当然，之所以说机会只青睐有准备的人，还包括更深层次的含义，那就是不要一味被动地等待机会的到来，而是要更加积极主动，在没有机会的时候创造机会，这样才能成为人生真正的强者，激发人生的无限可能。遗憾的是，太多人只是一味地抱怨机会从来不降临到自己身上，而从未想方设法去发现机会，也没有全力以赴去创造机会。只有全力以赴坚定不移地发现机会、创造机会，才能让生命绽放出异样的光彩。

世界上并不缺少美，而是缺少发现美的眼睛；世界上并不缺少机会，而是缺少发现机会的心。一个人只有随时随地都准备迎接机会的到来，才能发现机会、创造机会、拥有机会。只有笑到最后的人才是笑得最好的人，在人生的道路上，也只有坚持到最后的人才能得到丰厚的回报。

大学毕业后，丁娜一边工作，一边自学，准备考取本科文凭。

众所周知，自学是很辛苦的，直到四年后，丁娜才考完所有课程，进入毕业论文准备阶段。然而，不巧的是，在导师辅导阶段，丁娜刚生了孩子在坐月子，但是她又担心如果不和导师见面，会影响毕业。思来想去，丁娜的丈夫张伟决定代替丁娜去学校与导师见面。见面之后，张伟把丁娜的情况告诉导师，而且也帮助丁娜记录下导师讲的论文要点。在与导师面谈完，准备返回的时候，张伟去车站买票，却没有买到车票。

张伟给丁娜打电话说明情况，丁娜说："不行的话，就在那里住一个晚上吧！"张伟说："没关系，我在车站等一等，说不定一会儿就有人退票呢！"丁娜很担心："距离发车没多久了，退票的可能性很小吧？"张伟安慰丁娜："没关系的，我等一等，也许就有好运气呢！"就这样，张伟一直在车站的退票窗口等着，就在距离发车还有10分钟的时候，有一个人气喘吁吁地赶来退票，张伟买到这张车票，按时返回。

丁娜说得没错，距离发车的时间越短，退票的可能性就越小。但是，这并非意味着绝无可能。所以，张伟在车站退票窗口守候了一段时间之后，终于如愿以偿等到了一张退票，也按照原计划返回家里。很多事情，不到最后一刻，没有人知道结果将会如何。因此，在做每件事情的时候，我们一定要坚持不懈，要坚持到最后一刻，才能成功地抓住转瞬即逝的好机会。在遇到有难度的事情时，我们可以问一问自己：如果不尝试一下，怎么知道没有结果呢？如果不尝试一下，就这样放弃了是多么可惜啊！

现实生活中，很多人常常羡慕他人的运气好，觉得别人之所以有所成就，有突出的成绩和杰出的贡献，就是因为他们运气好。例如，阿基波特就是因为每次都坚持写"每桶石油四美元"，所以才能得到机会成为美国石油公司的第二任董事长，其实不是阿基波特的运气好，而是因为阿基波特能够数年如一日，坚持把力所能及的小事情做好，怀着对于公司深深的热爱，能够做到为公

第十一章 好机会千载难逢，拼尽全力勇敢出击才能改变命运

司无私地付出。一个人做一件好事不难，难的是做一辈子好事。在人生的道路上，机会永远只青睐那些积极主动、时刻做好准备的人。所以，不要认为自己没有好运气，而是要认真想一想自己是否非常努力地抓住每一个转瞬即逝的好机会。

在这个世界上，从来没有天上掉馅饼的好事情，也没有一蹴而就的成功，每个人要想得到机会的青睐，要想在人生的道路上进步更快，就一定要特别积极、特别努力、全力以赴做好该做的事情，才能在人生的道路上不断地进步，得到千载难逢的好机会的眷顾。在通往成功的道路上，有的人消极沮丧，永远也无法抓住机会；有的人斗志昂扬，积极进取，哪怕在困境和绝境中也绝不轻易放弃，才能"山重水复疑无路，柳暗花明又一村"。

积极主动，努力创造机会

当苦苦等待却没有机会的时候，应该怎么做呢？首先要用火眼金睛四处寻找机会，其次要积极努力创造机会。当然，不管是寻找机会还是创造机会，都没有那么容易，因为机会并非永远待在某一个地方等着我们去发现它，而是随着事情的不断变化而变化。在人生的道路上，要想获得成功，就要坚持不懈地努力，全力以赴把事情做好。当然，这不是说机会并不重要，但是机会相比勤奋和坚持，相当于锦上添花，而并不会对事情起到决定性的作用。最重要的是，机会从不会平白无故降临，更不会像一个大馅饼一样砸到某个人的身上。通常情况下，只有那些非常用心和努力，也在困境之中绝不放弃的人，才能等到机会降临。

细心的人会发现，很多时候，人生重大的转折点并不发生在很多人都以为至关重要的时刻，而是发生在那些不经意间。从这个意义上来说，瞬间的机遇也有可能影响人生。尤其是在漫长的人生道路上，几乎每个人都面临着各种各样的选择。是否能够在特定的时刻做出明智的选择，对于人生而言是至关重要的。在选择的时候，既不要不假思索地过于随意，也不要因为思虑过多而导致自己瞻前顾后，迟疑着不敢采取任何行动。凡事皆有度，过度随意和过度思虑，都会导致行动延迟、犹豫不决。当机会在你思索的时候悄然溜走，你一定

会感到万分懊悔。要记住，很多时候，如果一定要在做与不做之间做出选择，哪怕只有万分之一成功的可能性，也一定要勇敢去尝试，这样才能保证自己不会懊悔。否则，总是在迟疑中摇摆，不但会错失机会，也会彻底失去尝试的可能，还会导致自己陷入懊丧与绝望之中。在这个世界上，唯一对每个人都绝对公平的就是时间，当时间悄然流逝一去不返，等待每个人的都将是无限的懊丧，而机会恰恰是与时间的流逝密切相关的。

初中毕业后，因为刘红的成绩不是很好，所以爸爸妈妈四处托人找关系，把她安排到县里的卫生学校学习护士专业，他们认为护士总算是有一技之长，未来容易找工作，也能有安稳的生活。不过，上了半年护士学校，刘红得到了另一个机会：去武汉的一所中专学校学习，那个学校比县里的护士学校名气更大。

面对这样的一个机会，父母都很犹豫，因为虽然武汉的学校比县城里的护士学校名气大，但是离家很远，他们担心刘红不能照顾好自己。对此，刘红却有自己的想法：我如果继续留在护士学校学习，将来只能在家门口当个护士。我想去更广阔的天地间走一走、看一看，这样才能更好地成长起来，将来也许能在大城市里落脚呢！就这样，刘红不顾父母的反对，坚持要去武汉的学校里学习。几年之后，刘红从武汉毕业，果然留在了武汉工作，有了完全不一样的人生。

眼界决定人生的高度，如果刘红一直留在家里读护士学校，真的很难有好的发展。也许当护士挺好，毕竟稳定，但是对于人生而言，最终的目的不就是为了走更多的路、看到更多的风景吗？任何时候，都不要故步自封，只有坚持努力成长，才能最大限度地提高生命的效率，也才能勇敢攀登人生的高峰，得到更好的成长和更大的进步。

社会发展需要"与时俱进"，人要想抓住机会，也需要与时俱进，让自己跟得上时代的步伐。如果总是停留在过去，也总是对于来到眼前的很多机会感到迟疑，别说是走到时光前沿，就算是要做到与时代同步都很难。当梦寐以求的机会没有到来的时候，还要拼尽全力创造机会。现代社会瞬息万变，发展速度非常快，为此我们一定要非常努力，才能跟得上时代的脚步，才能在成长的过程中坚持进步、砥砺前行。

古人云，"天时地利人和"，告诉我们要想成功，需要很多因素的综合作用。在现代社会，成功需要更多因素的综合作用，也需要我们付出加倍的努力。当然，在这个飞速发展的时代里，要想做到与时俱进并不容易，具体而言要做到以下几点。首先，要保持对于最新信息和观念的关注，这样才能及时更新自己。其次，要善于接受新生事物，只有透彻钻研新生事物，才能与时俱进变通自己的思想和意识，才能接纳新事物，也才有信心激发人生的潜能努力进取。最后，一切的创新都可以归结为思维的创新，一切的成长都可以表现为思维的进步。因而，要想发现机会、创造机会，我们还应该改变思维模式，从定向思维转变为发散性思维，这样才能在思考问题的时候打开思路，也才能获得更多的灵感和创新。总而言之，机会不会凭空降临，任何时候，要想发现和创造机会，就要先改变自己的心、打开自己的眼界。记住，适者生存。在如今的时代里，如果人人都在改变，每个人都在不停地成长和进步，那么原地踏步的人就是退步。所以，我们必须在保证与时俱进的基础上，寻求发展和成长，也努力改变和进步。

与时俱进，与时间赛跑才能得到机会

每一个善于抓住机会的人，都是能够与时间赛跑的人，因为机会具有很强的时效性，有很多好机会更是转瞬即逝。所以，在现实生活中，要想抓住机会，就必须具有前瞻性。举个最简单的例子，熟悉商业市场的人都知道，之所以很多企业都争先恐后地推陈出新，就是因为他们想要利用新产品去吸引消费者的眼球，赢得消费者的信任，这是企业在与时间赛跑。作为个人，要想抓住很多好的机会获得发展，同样要与时俱进。

在这个世界上，并没有绝对的公平，如果一定要说有什么是公平的，那就是时间。时间对于每个人都很公平，每个人每一年有 365 天，每一天有 24个小时，每个小时有 60 分钟，每分钟有 60 秒，这样的数据对于每个人而言都是精确到分毫不差的。不管是老人还是孩子，也不管是功成名就的人还是一事无成的人，时间对于他们都绝对公平。所以，可以说，金钱能够买来很多东西，但是买不来时间、买不来生命。

机会具有时间特性，作为一个想要抓住机会的人，要戒掉拖延的坏习惯，还要和时间赛跑，跑到时间前面。不要像周星驰在《大话西游》里那样去遗憾："曾经有一份真挚的爱情摆在我的眼前，但我没有去珍惜……如果上天能给我一次重来的机会……"世界上从来没有后悔药，时间也不会倒流，机会绝不会重来。面对机会，哪怕犯了错误，遭到失败，也至少得到了经验和教训，而不要总是在机会悄然溜走后再去后悔，那就悔之晚矣了。

　　大学毕业后，同学们四处找工作，若男的理想是开一家属于自己的淘宝店铺，投入成本不多，却能自己当老板。为此，在很多同学都进入普通公司当基层的小职员时，她毅然决然回到家乡，在家里开了两间淘宝店铺。一间淘宝店铺卖化妆品，一间淘宝店铺卖家乡的特产——各种生鲜和干海鲜。一开始，生意惨淡，有的时候一整天都没有一个订单，这让若男非常郁闷，也很心急。后来，若男到各大论坛和网站做广告，进行推广，生意渐渐地好起来。

　　对于若男所谓的事业，爸爸妈妈一开始根本不看好，爸爸还没有退休，每天都按时按点下班，就觉得若男干的是没谱的事情。妈妈呢，虽然没有工作，也在饭馆里打工，帮忙洗碗洗菜。然而，才半年之后，若男的发展就让爸爸妈妈刮目相看，因为每天发货量大，若男索性让妈妈留在家里帮她一起发货。就这样，三年过去了，在毕业三年的同学聚会上，很多同学依然是一名小职员，做着最简单琐碎的活儿，拿着最低的薪水，若男却成为一个不折不扣的老板，而且又开了好几家网店。有几个同学很羡慕若男，也想去开淘宝店铺。然而，此时开淘宝店铺已经不是好时机，而且市场也处于饱和状态，所以再想发展就非常困难。

　　民国时期的大才女张爱玲曾经说过，出名要趁早。其实，不仅出名要趁早，不管干什么事情都要趁早。很多事情，当想到的、知道的人少的时候，可以抓住先机；等到想到的、知道的人越来越多，就很难在激烈的市场竞争中脱颖而出。对于年轻人而言，要想抓住机会获得成功，就要想在别人前面、做在别人前面，或者至少要做到不落后于人，这样才能当机立断、处处领先，把事情做到最好。

很多人都抱怨人生之中的机会很少。殊不知，这个世界上并不缺少机会，缺少的只是发现机会的眼睛。每一个人都要努力把握住机会，也要善于发现机会，才能真正借助于机会获得长足的进步和发展，最终获得最后的成功。

山重水复疑无路，柳暗花明又一村

对于每一个人而言，最好的境遇固然是顺遂如意、一帆风顺，但遗憾的是，大多数人都没有这样的好运气，能够凡事都顺心如意。常言道，"人生不如意事十之八九"，这正告诉我们，每个人的人生常态都是不如意的。既然如此，当面对命运的坎坷和挫折时，我们还有什么必要去抱怨呢？命运从来不会青睐弱者，尤其是那些对于人生怨声载道的人，他们非但不能获得好运气，反而会因为心中充满戾气而变得焦虑不安。与其哭着度过人生的每一天，为何不能笑着度过人生的每一天呢？

很多人在遭遇生活困厄的时候，除了抱怨就是哭泣，除了愤愤不平就是怨声载道，从来不会采取积极的态度去解决问题。实际上，只要心态积极，哪怕是困厄也有可能转化为机遇，最重要的在于我们要采取何种态度去面对机遇。有人说，心若改变，世界也随之改变。实际上，即使心改变了，世界也不会改变，而是我们对待世界的态度改变了。

很久以前，有个老太太已经六十多岁了，两个女儿都已经出嫁，都非常孝顺，日子过得也还算安逸。然而，邻居发现老太太总是心情不好，都感到很纳闷。

有一天，天气晴朗，老太太坐在院子前愁眉苦脸。邻居问："老

人家，今天天气这么好，阳光明媚，你为什么不开心呢？"老太太说："我的大女儿是卖伞的，天气这么好，她的伞就卖不出去了。不挣钱，靠什么生活呢？"邻居点点头，说："您可真是个好妈妈，一心为了女儿着想。"次日，下雨了，老太太还是皱着眉头坐在院子前。邻居更纳闷了："老人家，今天下雨了，你女儿的伞一定很好卖，你为何还是这么担心呢？"老太太说："下雨了，我大女儿卖伞的生意会很好。但是，我的二女儿是开染坊的，一旦下雨，没有大太阳，就没有办法晒布了。"说着说着，老太太居然掉下泪来。邻居开导老太太："老人家，你这么想可好？有太阳的时候，你小女儿的染坊生意很好；下雨的时候，你大女儿卖伞的生意很好。这样一来，不管是晴天还是阴雨天，你家两个女儿都有钱可赚，多好啊！"邻居的话让老太太的心情豁然开朗，她说："这么想来，我觉得心里舒服多了。"

天气没有改变，老太太的脸上却由阴转晴，这是因为她的心态改变了。转换一个角度来看待这件事情，不难发现，在不同的天气里会有不同的机会存在。那么要想发现和创造机会，就要从不幸的事情里找到新的契机，这样才能抓住机会改变命运，创造生命的奇迹。

几乎每一个人都无法拥有完全顺遂如意的人生，那么当遭遇生命困厄，最重要的就是要全力以赴突破困境，才能够让自己在困境中找到希望，也才能从绝境中创造机会。细心的人会发现，古今中外，大凡成功者，无一不是经历人生的磨难才能获得成功的。古人云，"天将降大任于斯人也，必先苦其心志，劳其筋骨，饿其体肤，空乏其身……"上天之所以要给承担大任的人这么多痛苦和磨难，就是为了磨炼他们的心智，增强他们的毅力，让他们能够承担起重要的责任。否则，一个人面对小小的挫折和打击就马上放弃努力，是根本不可能获得强大的内心的。

人生在世，也许有些事情会很顺利，但是更多的事情都会一波三折。既然无法逃避，那就勇敢面对。细心的朋友们会发现，所有的成功者都有自己的成功模式，也有各自成功的理由，但是他们还有一个共同点，那就是他们很善于创造机会、把握机会，即使在遭遇挫折磨难的时候，也决不轻言放弃，所以才能最大限度地激发生命的力量，创造伟大的奇迹。

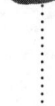
破釜沉舟，把"可能"变成"一定"

很多时候，机会转瞬即逝，正因为如此，那些提前做好准备的人才能在最短的时间内抓住机会。否则，机会突然到来，一定会因为来不及对机会做出反应，最终错失抓住好机会的最佳时机。

面对机会，如果犹豫纠结，不能在第一时间里就抓住机会，那么越是好机会越是很快就消失，接下来就只能眼睁睁地看着机会被别人抢走。未雨绸缪是正确的，因为可以在面对机会的时候想清楚自己所能承担的后果，也可以预见到有可能达到的目标。如果一直犹豫纠结，不能在第一时间把握住机会，机会不会始终停留在原地等你，而会毫不留情地消失。

秦朝末年，因为秦王的苛捐杂税、残暴统治，全国各地的人们都纷纷揭竿起义。在诸多的农民起义军中，尤其以陈胜、吴广率领的反抗队伍实力最强大。除此之外，项羽率领的军队在破釜沉舟战胜秦国军队后，也势如破竹。

在破釜沉舟的战役中，项羽表现非常出色。当时，赵国的巨鹿被秦国派出的30万人马团团包围住，如同铁桶一样密不透风。赵王非常害怕遭遇亡国的灭顶之灾，当即派人去楚国，向楚义帝熊心求救。楚义帝深知唇亡齿寒的道理，当即委任宋义为上将军，又委任项羽为次将军，并且让他们率领 20 万人马赶去为赵国解围。没想到，宋义是个贪生怕死之辈，听说秦军实力强大，不可战胜，居然驻扎在半路上吃喝玩乐，不愿意继续前进。驻扎的时间久了，军队里缺衣少粮，将士们忍饥挨饿，但是宋义只顾着自己吃喝玩乐，对于全体将士的死活丝毫不放在心上。作为次将军的项羽气得火冒三丈，在忍无可忍之后，杀死宋义，自任为上将军，当即率领军队开拔，赶去为赵国解围。

到达漳河边，项羽先是派出精锐部队斩断秦军的粮草运输线路，然后亲自率领大军渡过漳河，准备为巨鹿解围。为了让全体将士同仇敌忾，项羽在渡过漳河之后当即下令烧掉所有的帐篷，砸碎做饭用的锅灶，还把渡河用的船只也全都凿穿沉入河底，然后只给每个将士分了够三天食用的干粮。这样一来，全体将士都感受到项羽战胜秦军的信心，也都和项羽一样抱着必死的信念投入战斗，战斗中全都奋不顾身，以一当十，大获全胜。这次战败让秦军元气大伤，大部分将士都被俘虏，也有很多将士主动投降，还有的将士则四处逃散，溃不成军，不但让赵国从秦军的围困之中解救出来，还给了秦国致命的打击。两年之后，秦国就彻底灭亡，而项羽也成为实至名归的上将军，威名赫赫，让敌人闻风丧胆。

如果没有破釜沉舟的决心，项羽根本不可能率领大军打败秦军。面对强大的秦军，项羽以破釜沉舟的方式激励全体将士，也把自己与秦军决一死战的信念传递给将士们。由此一来，极大地鼓舞了全体将士的作战勇气，也让他们全都和项羽一样拼死一战，最终才能同仇敌忾、精诚团结，彻底战胜秦军，大伤秦军的元气，为秦军两年后的灭亡奠定了基础。

在破釜沉舟的巨鹿之战中，项羽之所以能够获得成功，打败秦军，就是因为他很讲究时机。他在渡过漳河之前，就派出精锐部队切断秦军的粮草供给

线，随后又马上率领大军渡过漳河，没有多费唇舌去进行战斗前的思想动员，而是以决绝的方式让全体将士看到他的决心和勇气，接下来就接连对秦军发起九次进攻，给了秦军致命的打击。不得不说，项羽以迅雷不及掩耳之势为自己创造战机，所以才能获得胜利。如果项羽也和宋义一样贪生怕死，畏缩不前，那么永远也不可能战胜秦军。

如今是和平年代，但是要想完成一件事情，同样需要毫不迟疑抓住时机，否则就会与成功失之交臂。记住，当机会到来的时候，千万不要犹豫，而是要当机立断。在没有机会的情况下，也要努力进取，创造时机。记住，事情总是在不断地发展，每个人的潜力和能力也都是无穷的。任何时候，都不要盲目地退缩，更不要一味地迟疑，未雨绸缪固然重要，但是在想清楚之后就当机立断去做，在做的过程中根据事情的发展情况随机应变。人生，谁也不可能走一步看十步，只能走一步看三步，然后根据事情的发展随机应变，做出决断，这才是最重要的。

突破自我，机会不请自来

人最大的敌人是自己。很多时候，限制人们的不是外部的环境，而是人的内心。所以，每个人要想在成长过程中有所成就，就一定要努力突破自我，才能抓住转瞬即逝的好机会，也才能从容坦然地向着未来迈进。

当然，要想打破内心的囚牢并不容易，就像一个人无法把自己举起来一样，一个人也很难完全站在客观的角度审视自己。所以，我们只能尽量站在客观的角度上公正地看待自己，而无法完全挣脱自身的束缚。任何时候，进取都是最重要的，这是因为努力进取的人才配得上更好的人生。

最近，班级里正在组织读书会活动，每天晚上都有一个同学自告奋勇地上讲台，利用晚自习正式开始前的20分钟时间，为同学们讲一本自己读过的书。这个活动很有意义，因为同学们可以了解更多的知识，也可以通过其他同学的推荐而去读某一本书，这比把书借到宿舍里，却又发现自己并不喜欢看更有效率。

虽然思思平日里很喜欢看书，但是她并不善于言谈。她之所以不善于言谈，并不是不知道如何去表达，只是因为内向害羞，所以虽然心理活动很丰富，却无法表现出来。为此，直到班级里大多数同学都已经讲过书，思思却迟迟不敢走上讲台。后来，老师在总结读书会的时候问同学们："还有谁没有上过讲台？"思思和其他两个同学站起

来。老师说："好吧，只剩下你们三个同学了，那就抓紧时间准备，下周一就挨个上，好吧！"思思没吭声，后来去找老师："老师，我可以不参加读书会吗？"老师很惊讶："为什么？"思思不好意思地低着头，老师说："你们原本上的就是师范专业，毕业后就是要走上讲台的，没什么不好意思的，也没有什么好紧张的，就当成给孩子们上课好了！"在周一没有到来之前，思思一直很发愁，虽然她随口就可以说出很多书，但是她就是不想上讲台。

到了晚自习，思思硬着头皮走上台，用颤抖的声音开始讲。才几分钟过去，思思就不紧张了，暗暗想道：事到头，不自由，反正伸头也是一刀，缩头也是一刀，还不如好好表现呢！心中镇定下来，思思的声音越来越洪亮、流畅地讲完了一本书，同学们听得津津有味，还有的同学邀请思思找机会再给同学们讲书呢！

一旦心中释然，很多事情就可以做得更好。如果始终不能释然，那么哪怕得到别人的鼓舞，得到好的机会，也无法表现出自己的真实水平。所以，最重要的不是挑剔和苛责外部的环境，而是要问问自己的内心是否已经做好了充分的准备。

很多人之所以在面对机会的时候迟疑，就是因为他们不知道自己要如何做才能把事情做得更好。其实，与其在犹豫纠结中错失机会，不如认识到凡事有利也有弊，必须端正内心的态度，也做好准备迎接事情最好的结果和最坏的结果，然后才能端正心态，坦然地做好每一件事情。

记住，越是好机会越容易转瞬即逝，任何时候都不要与机会失之交臂，因为人生的成长是有很多契机的，只有抓住机会的人才能在人生道路上勇往直前，获得长足的发展和快速的成长。如果常常觉得自己被禁锢住，似乎没有出路，那么不要抱怨，也不要慌张，而是要当机立断调整自己的心态，让自己找到更多的出路。记住，天无绝人之路，只有把握机会的人，才能进入人生"山重水复疑无路，柳暗花明又一村"的圣境。

第十二章 当努力成为习惯，压力就会转化为源源不断的动力

现代社会，每个人都在艰难地生存，完全感觉岁月静好、安逸舒适的人几乎不存在，这是因为社会发展的速度越来越快，各种各样的竞争日益激烈，所以每个人都要努力奋进，才能把压力不断转化为动力，也才能全力以赴奔向美好的未来。

成功是要经历阵痛的

常言道："人生不如意十之八九。"这句话告诉我们，不如意正是人生的常态，完全顺遂如意的人生是根本不存在的。人生的道路说长就长，说短就短，虚度的人生光阴很长，而充实的人生光阴很短。所以，每个人都要在生命历程中争分夺秒，抓住每一分每一秒去努力奋斗，这样才能最大限度地拓展生命的宽度，也才能让自己的人生更加充实、更有意义。如果整天无所事事，不管做什么事情都提不起兴致来，渐渐地，人生就会陷入困境之中。

很多人常常抱怨命运不公平，因为他们自以为付出了很多的辛苦和努力，却没有得到梦寐以求的成功。实际上，成功从来不是从天而降的，也不是一蹴而就的，每个人的成功都要历经坎坷与磨难，都要历经辛苦才能得到。

为何有的人在遇到挫折的时候，马上就会一蹶不振，甚至主动放弃呢？这是因为他们没有坚韧不拔的意志，在做事情的时候也没有顽强的毅力。为此，他们只能与失败结缘，只能在人生的道路上不停地徘徊，却无法获得更大的进步。与他们恰恰相反，有的人面对人生的坎坷采取了完全不同的态度，他们总是迎难而上，凭借顽强和毅力到达人生的巅峰。心若改变，世界也随之改变。挫折是人生的绊脚石，也有可能是人生的垫脚石。要想踩着挫折的垫脚石勇敢向上，我们就要非常努力，哪怕遭遇艰难险阻也绝不轻易放弃。唯有成为真正的人生强者，我们才能在成长的道路上砥砺前行。

成功的道路上，除了坎坷和挫折的磨难之外，还会有孤独和寂寞。毋庸置疑，和拼尽全力去战胜艰难险阻相比，忍受孤独和寂寞是对人更大的挑战。人是群居动物，很多人都需要从他人那里得到认可，才能证明自身的价值。然而，高处不胜寒，当一个人不断地成长，到达人生中至高的境界，他们就会发现身边的同行者很少。那么，要学会享受孤独，在不断前行的人生道路上，只有能够享受孤独的人，才能从孤独中汲取精神的力量，也才能彻底地调整好心态。

心理学家经过研究证实，大多数人的先天条件其实相差无几，那么为何有的人能够如愿以偿获得成功，有的人却总是与失败结缘呢？归根结底，就是因为他们面对失败的态度不同，面对人生坎坷和挫折的态度也不同。不管什么情况下，都要斗志昂扬，有着顽强不屈的精神。既然这个世界上从未有一蹴而就的成功，也没有天上掉馅饼的好事情，我们就要走过通往成功的必经之路，忍耐痛苦与枯燥，度过难熬的岁月。

在美国历史上，林肯是一位大名鼎鼎的总统，甚至在全世界都赫赫有名。然而，在成为总统之前，林肯饱经生命的磨难，命运对他的打击几乎从未停止过。

1832 年，林肯失业了。他毕业于哈佛大学，但是没有找到合适的工作。在极端的失意与痛苦中，林肯选择从政。然而，他第一次竞选州议员就以失败告终，而且在一年的时间里接连遭受打击，这让林肯对于从政的道路也彻底死心。他改为经商，希望自己可以亲手创办成功的企业，也希望自己能够从此大展宏图。然而，命运就是如此残酷，林肯创办的企业没过多久就破产了，这次破产不但终结了林肯从商的道路，而且使得林肯背负了沉重的债务。此后，林肯足足用了十几年的时间，才偿还完因为企业破产背负的债务。

无奈之下，林肯只好弃商从政，又开始竞选州议员。这一次，也许是命运眷顾林肯，林肯终于成功了。他受到极大的鼓舞，认为自己从此之后就能够从厄运转为好运，人生也可以一帆风顺。然而，很快地，命运又与林肯开起残酷的玩笑。1835 年，订婚之后，林肯

201

就在期待着结婚日子的到来。然而，就在距离结婚还有几个月的时候，林肯的未婚妻猝然离开人世。林肯再也经受不起这样的打击，他绝望透顶，因此而患上严重的疾病，不得不卧床休养了好几个月。一直到 1836 年，林肯精神衰弱的症状已经非常严重。然而，经过一段时间的休养生息，他意识到自己不能再这样沉沦下去，在 1838 年，他继续竞选州议会会长。

遗憾的是，命运并不因为林肯一波三折就放过他，这次竞选州议会会长，林肯还是失败了。直到 1843 年，林肯才鼓起勇气参加国会议员的竞选，然而仍是以失败而告终。在此期间，林肯始终在坚持不懈地尝试和努力，也总是遭到失败的沉重打击。换作一个内心脆弱的人，也许早就对人生失去希望和勇气了，但是林肯没有放弃。1846 年，林肯成功当选国会议员，在两年后争取连任的时候失败，还因此而赔了很多钱。即便是退而求其次，林肯想要当州的土地官员，也被无情拒绝。就这样，林肯又遭受了两次失败的打击，不得不说命运对于林肯的确是非常残酷。

1854 年，林肯竞选参议员，以失败而告终；1856 年，林肯竞选美国副总统，还是以失败而告终；1858 年，林肯竞选参议员，还是失败。看到这里，相信有很多人都在为林肯揪心吧。1861 年，林肯终于成功当选美国总统，总算是守得云开见月明。

如果没有这样锲而不舍的精神，如果不是在成长的过程中始终经受住各种痛苦的磨难，林肯不可能成为美国总统。命运有的时候就是如此，爱和人开残酷的玩笑，也常常以这样过分的方式考验人的决心和毅力。可以说，林肯经受住了考验，才能最终真正实现自己的梦想。

在通往成功的道路上，每个人都会遭遇很多挫折和磨难。在战胜磨难的过程中，也许有小小的打击，也许有巨大的失败，无论如何，我们都要振奋精神，在成功的道路上一往无前。

改变心态，把压力转化为动力

现代社会，有谁的生活没有压力呢？可以说，每个人的生活都有压力，区别只在于有的人所承受的压力小，而有的人承受的压力非常大；有的人承受压力的能力比较强，而有的人承受压力的能力比较差而已。既然压力与生活总是如影随形，没有人会毫无压力，那么就要有的放矢地转化压力，把压力转化为动力，这样才能调整好心态与压力共存，也才能让人生在重压之下绽放出异样的光彩。

有压力才有动力，对于人生而言，适度的压力并不是坏事情。例如，在油田里，如果没有压力，油和气就上不来，所以这个时候压力就显得至关重要。人生又何尝不是一座宝藏呢？每个人要想拥有充实精彩的人生，就要借助于压力去挖掘人生的潜力。曾经有心理学家说，人的潜能是无穷的，就像一座丰富的宝藏等待被发掘。那么，压力也就必不可少。

在人生漫长的道路上，每个人都要坚持学习，也要品味爱情，还要为了事业打拼，为了生活而四处奔波。然而，很多道路走着走着，我们就会惊讶地发现，前面没有道路可以走了。在疑似绝境的情况下，左顾右盼显然都行不通，最该做的就是要把压力转化为动力，才能不断地挖掘自身的潜能，也才能怀着与时俱进的态度坚持进取。

越是面对巨大的压力，我们越是要挺直脊梁，而不要因为压力的存在而

像一个泄了气的皮球一样颓废沮丧。打个形象的比喻，人生就像是在不断地攀登，越是接近山巅，越是觉得前路漫漫，难以前行。也许走着走着就没有路了，此时不要畏惧艰难险阻，哪怕披荆斩棘，也要勇敢前行。只要突破攀登的极限，你就能一览众山小，欣赏更为壮丽的美景。

作为一名体操运动员，程菲从小就坚持练习体操，不知道吃了多少苦，受了多少罪，才成为一名非常优秀的体操运动员。然而，就在她信心满满想在一次国际比赛中争取奖牌的时候，却在比赛中出现失误，导致成绩很差，连铜牌都没有得到。一想到爸爸妈妈和全中国的人都在电视机前看着她的表现呢，她不由得哭起来，恨自己为何平时不出错，却偏偏在这个关键时刻出错。比赛之后，教练为她分析比赛的情况，总结道："还是功夫不到家，和运气没关系！"这句话给了她更大的压力，让她意识到失败原来是必然的，而不是偶然的。

颓废地回到祖国，她曾经很气馁，也有过一闪念的想法，觉得自己应该改行，不当运动员了。然而，她从小就与体操打交道，不当运动员又能干什么呢？难道就因为这一次的挫折和打击，错失自己为国争光的决心吗？痛定思痛，她决定把压力转化为动力，把泪水变成刻苦训练的汗水。在教练的建议下，在父母的支持下，她主练跳马，经过一年多的勤学苦练，她终于再次得到出国参加国际比赛的机会。2005 年，在参加体操世锦赛之前，她想好一切可能出现的糟糕后果，决定置之死地而后生。有了最坏的打算，她反而心中坦然。在比赛过程中，她从容地发挥，游刃有余地完成动作，最终为祖国争夺了第一枚女子跳马金牌。在领奖的时候，听着国歌响起，她流下了激动的热泪：感谢压力，让我成长！在 2006 年体操世锦赛，程菲有了更好的发挥，为祖国赢得了三枚金牌，晋升为中国体操界的"一姐"，这一切的荣誉都是她承受压力，积极地把压力转化为动力的结果！

人无压力轻飘飘，很多时候，压力正是促使人不断成长的动力，也可以让人在成长的过程中更加脚踏实地。在这个事例中，如果她没有痛定思痛地去激励自己，也没有激发自己所有的力量去努力成长，那么就一定会因此而失去成长的动力，也会导致运动生涯的结束。一念之差，天壤之别。值得庆幸的是，她最终做出了正确的选择，所以才能继续练好体操，为国增光。需要注意的是，当一个人能力不足的时候，不要用过于积极的心理暗示来激励自己，否则就会让自己很颓废沮丧。想一想最糟糕的结果是什么，带着最坏的打算去做最好的努力，反而能够帮助人消除压力，一路勇往直前。

古时候，司马迁遭遇宫刑，依然坚持完成《史记》的创作，也是把压力转化为动力的典型代表。如果不是有顽强不屈的意志、有坚韧不拔的灵魂，在他遭遇带有耻辱性的宫刑之后，也许就会选择结束生命。然而，生命不息，奋斗不止，司马迁选择活下来，完成伟大的使命，这样的勇气令人刮目相看。

不得不说，命运对于每个人都是公平的，当遭遇不期而至的磨难和打击的时候，抱怨没有任何作用，更不利于解决问题，只有激发起自己心中的斗志，更加坚定不移地勇往直前，才能切实改变人生，切实掌握命运，也才能最终拥有从容坦荡的人生。

活到老学到老，让成功水到渠成

现代社会发展速度很快，很多事情都处于随时随地的发展变化和更新之中，作为新时代的年轻人，要想与时俱进，避免自己被时代的洪流甩下，就要活到老学到老，养成终生学习、终生努力的好习惯，这样才能最大限度地激发自身的潜能，也才能在成长的道路上更加轻松，效率倍增。

很多人对于学习都有误解，总觉得学习是要在学校里才能进行的。殊不知，随着时代的发展和进步，知识更新的速度非常快，如果说中华人民共和国成立后的第一批大学生在学校里所学习和掌握的知识，可以供给他们消耗十年，那么如今的大学生，从大学校门里走出来的那一刻，他们所学习到的有些知识就已经落伍了。为此，只有养成终生学习的好习惯，只有掌握学习的方法让自己不断努力进取，才能始终保持学习的姿态，也才能让自己所学到的知识不断地更新，从而保持不落后的状态。

作为年轻人，再也不要觉得自己十几年寒窗苦读有什么伟大的地方或者有什么值得炫耀的。只有在走出校园之后，依然根据工作现实或潜在的需要学习新知识、新技能，才是真正的有远见，也才能够对于未来的成长和发展未雨绸缪。还记得小学作业本上的那句话吗？学无止境。的确，知识的海洋是没有边界的，一个人只要有着刻苦学习的精神，就可以学到更多的知识。所谓"书山有路勤为径，学海无涯苦作舟"，任何时候，只有努力进取的人才能得到更好的成长和发展。古人也说:"吾生也有涯,而知也无涯。"现代社会推陈出新的速度前所未有地快,任何年轻人想要适应社会生活就一定要坚持学习。

有一天,教授来给学生们上课,拿来了一个瓶子和一口袋不知道装着什么东西。上课铃才刚刚响起,同学们坐在下面还没有完全安静下来,教授就拿出瓶子,问同学们:"大家知道这是什么吗?"有的同学不假思索地回答"瓶子";有的同学认为教授不至于不知道这是一个瓶子,为此想了想才回答"牛奶瓶子";也有的同学被教授居然提出这么简单的问题吓到了,认为教授提问的背后一定另有玄机,所以迟迟不敢回答。这个时候,教授笑起来,从口袋里拿出一些石子装入瓶子里,把瓶子装满,又问同学们:"你们认为这个瓶子满了吗?"听到教授提出的问题还是这么简单,原本紧张的同学放松下来,争先恐后地嚷道:"满了,再装就出来了!"也有同学说:"当然满了,这还用问吗?"

教授对于同学们的回答没有任何回应,继续从口袋里拿出一些小石子,装入瓶子里。原来,那些石块彼此之间是有间隙的,无法做到完全贴合,因此教授很容易就又装了一些小石子在瓶子里。这个时候,教授又问:"瓶子现在满了吗?"这下子,有些敏感的同学迟疑起来,不敢回答。良久,才有同学迟疑地说:"应该满了。"这时,教授笑起来,从口袋里抓出一些沙子。让同学们惊讶的是,看似已经很满的瓶子里,又装进去很多沙子。这个时候,当教授又问"瓶子满了吗"时,同学们面面相觑,谁也不敢回答。果然,教授拿出一瓶水,又朝着瓶子里装入了很多水。同学们忍不住惊呼起来,教授语重心长地对同学们说:"今天,是我给大家上的第一节课。在这节课上,我最想告诉大家的是,学无止境,你们每个人都是一个容器,任何时候都不要觉得自己已经满了,因为只要你愿意,你总

能发现自己还可以吸纳更多的知识。"听了教授的话，同学们全都在暗暗点头。

一个瓶子，不要轻而易举就觉得自己已经满了，因为当你装满了大的石块，还可以装入很多小石子，还可以继续装入沙子、水，甚至是空气。而当你认为自己已经满了，把自己虚荣的心封闭上，你就再也无法装入任何东西。在学习的道路上，我们每个人都要始终保持空杯心态，这样才能激励自己不断地学习和掌握更多的知识，也才能在成长的道路上始终谦虚低调，努力进取。

要想让学习取得更好的效果，我们还要注意以下几点。首先，要善于反思和总结。反思是为了检查学习的效果，总结是为了让自己知道在学习中有哪些收获，哪些成长。其次，在学习过程中一定要打破思维的墙，避免思维定式，采取发散性思维思考问题，激发自身的创造性。一个人如果总是墨守成规，不愿意接受新鲜的事物，也不愿意做更新的尝试，渐渐地就会止步不前，甚至退步。最后，要牢记学习的目的是学以致用。现代社会，有很多年轻人特别热衷于考试，他们主动参加各种等级考试、技能考试，因为太过盲目，为了证书而考试，最终导致自己手里虽然拿着很多证书，却并不能派上用场。记住，学习的目的就是运用知识，为自己的生活和工作创造便利的条件，如果不能达到这个目的，就不要盲目学习，更不要为证书而考试。

学无止境，尤其是在信息和知识大爆炸的今天，一天不学习，也许就会落后很多。所以，作为年轻人，必须坚持学习才能与时俱进地成长，也才能让人生变得更加充实精彩！

迎难而上，才能突破困境

　　有的时候，困境的确如同铁桶一般，把我们严严实实地箍起来，让我们在密不透风的环境中感到绝望和无助。这是因为一个人即使能力再强，也不可能面面俱到做好所有的事情，更不可能在追求成功的道路上战胜所有的困难。最重要的在于要迎难而上，不惧怕困难，也要学会借助于他人的力量突破困境。固然，依靠自己的力量战胜困难很重要，但是当能力不足的时候，学会借助于他人的力量壮大自己，也至关重要。如今已经不是个人英雄主义的时代，哪怕拼尽全力也无法只依靠自己就可获得更好的生存。

　　也有人说，人生是一场未知的旅程。在这场旅程中，每个人都长途跋涉，拼尽全力，却未必能够到达理想的目的地。那么，就让我们一边朝着目的地前行，一边用心地欣赏沿途的美景，这样才能做到看景前进两不耽误，也才能让我们不局限于眼前的一花一景，而有更加远大的目标。在人生的旅途中，当走到无路可走的时候，是停下来四处张望，还是依然努力地往前走，这个选择很重要。面对难题，一定要积极地解决问题，既不要抱怨，也不要逃避，而是克服困难迎头赶上。

　　不可否认，情绪带给每个人的影响都是非常大的，但更重要的是心态，对于一个人如何面对人生和解决人生中的难题，更是有着深远的影响。其实，我们唯一需要明确的就是，抱怨不能解决问题，只有理性地面对难题，思考出

解决问题的办法，才能保持好心态，积极地解决问题。

通过电影《超人》，很多人都认识了演员里夫，为此，里夫在演艺生涯的发展上也前进了一大步。然而，命运总是喜欢和人开残酷的玩笑，就在事业如日中天的时候，里夫在参加一场马术比赛时出现了一个意外事故，导致头部被重重地摔在地上，第一和第二颈椎粉碎性骨折。他整整昏迷了 5 天的时间。等到里夫好不容易醒过来，医生决定对他进行成功可能性微乎其微的手术，更糟糕的是，一旦手术失败，里夫根本不能活着走下手术台。为此，里夫万念俱灰，甚至想要结束生命。

在医生的全力救治下，里夫终于活着走下了手术台，也活着离开了医院，但是他的下半生注定要在轮椅上度过，这使得他求生的欲望很微弱，心中想要寻死的想法从未消失过。有一天，家里人为了让里夫散心，特意开车带着里夫去山里游玩。在经过盘山公路的时候，里夫发现每到即将急转弯的地方，就会有警示牌提醒人们"前方转弯""有弯道""小心驾驶"等。里夫心中怦然一动："人生何尝不像走山路，只是也经常会到拐弯的时候。我也许不是走到了绝路，而只是同样需要拐弯而已。"从此之后，里夫彻底打消了轻生的念头，既然不能继续当演员，他就转行从事坐在轮椅上也可以从事的工作——当导演。如果不是这场事故，里夫不会这么快就发现自己居然有当导演的天赋——他指导的第一部电影就获得了金球奖，这让他欣喜若狂，似乎看到眼前出现了更多开阔的人生道路。

里夫没有止步于此，他从这次的成功中看到了人生更多的可能性，为此，他开始用嘴巴咬着笔尝试写字。因为行动的限制，让里夫可以静下心来写作，他的作品一经出版，就引起了热烈的反响，很多人都被里夫的精神感动。后来里夫更加努力，他让人为自己还有更大的成长空间，人生也变得更加辽阔。

和走山路一样，人生也有急转弯。在走到看似无路可走的时候，不要放弃，而是应该努力向前，因为前面就是拐弯的地方。人生的道路从来不是一路向前的，更不可能一直是平坦的大路。不管是遇到转弯，还是遇到泥泞与坎坷，都要坚持走下去。当遭遇人生的急刹车，当在人生变得面目全非、非常混乱时，也不要着急。因为只要你的心明净，你的人生就可以有更合适的顺序。

　　要想做到迎难而上，首先，我们要相信自己，这样才能拥有自信的强大力量。其次，每天清晨起来，不妨对着镜子告诉自己：我一定能行。也许这样的话说一次两次没有效果，甚至你还会误以为这只是流于形式的做法，但是当你真的坚持每天都一本正经地告诉自己"我能行"，你就会发现自己的改变。再次，在遇到坎坷挫折的时候，一定要放平心态，不要误以为自己躲一躲就能躲过去，而是要知道很多事情躲不过去，一味地逃避和畏缩还不如勇敢面对。最后，要打破思维惯式，形成发散性思维，从而寻找更多的方式解决问题，而不要总是局限在固有的方式中，否则就会困住自己。天无绝人之路，只要我们始终有一颗积极的心，怀着开放的心态，总能走出困境，获得成功。

让希望成为心底的明灯

有人说，希望是每个人心底的明灯，一个人唯有心中始终怀着希望，才能在人生遭遇困厄的时候，努力打破困境，找到更多的出路。反之，如果一个人心中没有希望，总是在困境中沉沦却找不到方向，那么人生就会变得故步自封，始终没有任何出路可走。就像船只在茫茫的大海上航行，始终都要有灯塔的指引，才能知道航行的方向。人生也是如此，希望就是人生的灯塔，始终指引着人生的方向。

每个人都要有自己的人生之路，这是因为人生从来都是充满困厄的，人生路上只有过五关斩六将，才能打破困境和僵局，走出属于自己的人生道路。除此之外，人生还有可能面对看似绝境的境遇，那就如同前文所说的，把压力转化为动力，激发人生的力量，才能"柳暗花明又一村"。当然，前提是要心中始终怀着希望。

在遭遇看似绝境的困境时，人们在强压之下更容易爆发出强大的力量。因此，作为一个有理想有抱负的年轻人，要有意识地把自己置于适度的压力之中，全力以赴奔向心中向往的目的地。古人云，"温饱思淫欲"。在安逸的环境中，很多人都会不知不觉间陷入停滞不前的状态，也有很多人曾经听说过心理学上温水煮青蛙的实验，那么就更要让自己警醒，始终保持进步的状态。

作为一名喜欢文学的高中生，夏雪最大的愿望就是考上一所名

牌大学，学自己喜欢的汉语言文学专业。然而，夏雪心理素质比较差，在第一次高考中发挥失常，成绩非常不理想。夏雪不甘心，爸爸妈妈也支持她复读，为此她加入复读班开始了又一年的辛苦和努力。遗憾的是，在第二次高考中，夏雪还是没有考到心仪的学校。对于夏雪的高考表现，爸爸非常失望，希望夏雪能够放弃高考，一边打工，一边函授学习。然而，夏雪这次异常坚持，她苦苦哀求爸爸："爸爸，你已经养育了我这么多年，就请你再养育我一年，我相信我下一次一定会成功。"

起初，爸爸并不同意，后来，在夏雪的软磨硬泡之下，爸爸终于同意。这次复读，夏雪拼尽全力，果然，不但考上了自己心仪的大学，而且还以优秀的成绩获得了奖学金。爸爸妈妈都很为夏雪骄傲，而夏雪也为自己的坚持高兴。

很多事情，要想全力以赴去完成，的确是需要去坚持的。如果不坚持，人生就会因为小小的挫折而改道。常言道："不忘初心，方得始终。"只有始终坚持自己内心的目标，并且为了实现目标而不懈努力，才能最终成功地改变命运，主宰人生。

在上述事例中，夏雪与成功之间只有一步之遥，尤其是在第二次高考失利之后，如果夏雪听从爸爸妈妈的建议，离开学校，一边打工一边考取文凭，也许未来也不错，但是会与理想大学失之交臂。幸好夏雪对于自己的学习情况心中有数，也拼尽全力去劝说爸爸继续供养她读书，所以才能在第三次高考中考上理想的学校，也才能成功地改变自己的人生轨迹。

每个人都有属于自己的人生，每个人对于成功的定义也是截然不同的。任何时候，最需要的就是坚持，在成长的道路上不断地进取。幸福的家庭都是相似的，不幸的家庭却各有各的不幸。我们也可以说，失败的人生都是相似的，成功的人生却各有各的不同。在追求成功的道路上，我们一定要知道自己想要的生活是怎样的，想要达到的巅峰到底在哪里，才能有的放矢地改变人生、成就人生、创造人生。

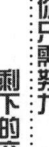

不放纵，让人生始终努力向前

尽管很多人都说人生而平等，每个人都面对命运平等的对待，我们还是要说，人生而不平等。每个人在一出生的时候，就有巨大的悬殊，例如，家庭背景不同、所接受的教育不同、成长经历不同，人生中突如其来的境遇也不相同。由此，也就导致每个人的人生都会呈现出不同的状态。尤其是在现代社会，经济的飞速发展，竞争的日益激烈，更是使得社会上出现贫富分化的情况，也使得强者更强、弱者更弱，弱肉强食的现象也时有发生。为何会有这种情况发生呢？实际上，不能仅从人的先天条件的角度来考察，每个人先天的条件相差无几，之所以有的人与成功有缘，有的人总是与失败结缘，就是因为他们对待人生中坎坷遭遇的态度不同，所采取的应对方法也不同。

很多弱者在面对人生的不如意时，总是抱怨人生，也总是做出各种消极被动的举动。而大多数强者都有一个共同点，那就是越挫越勇，对于很多事情不到最后一刻决不轻易放弃努力。正因为如此，他们才会变得越来越强大，也才会在激烈的竞争中脱颖而出。毋庸置疑，人人都想成为人生的赢家，但是不经过一番勤学苦练，不接受命运的挫折和磨难，怎么可能胜出呢？要想真正地把控人生，就从现在开始调整好心态，发挥所有的力量去实现人生的目标吧！

面对人生中无法操控的一切，很多人常常会感到无可奈何，也会因为内心脆弱，缺乏坚韧不拔的毅力和意志力，就轻而易举放弃人生。不得不说，这样的放弃也许让他们避免了失败，却也让他们彻底与成功绝缘。所以，真正明智的人，绝不会随随便便就放弃努力，更不会让自己在放纵之中沉沦。

作为一名职场新人，小乔曾经非常努力想把工作做好。她会主动加班，学习计算机的操作，从而为顺利完成工作做铺垫；也会把其他同事不愿意做的工作包揽过来，自诩多做一些就是多学习。然而，三年时间一晃而过，小乔还是在原来的工作岗位上做着最简单的工作，而有几个比小乔进入公司晚的同事，都已经得到晋升和提拔，升职加薪。为此，小乔感到很不平衡，对工作也变得懈怠起来。

接下来的日子里，小乔再也不愿意努力地表现，而是当一天和尚撞一天钟，在工作上不求有功，但求无过。有一段时间，因为领导休产假，小乔还会故意迟到早退。结果，领导听到副手说起小乔的表现，指挥副手给小乔下了最后通牒："要是想干，就好好去干；要是不想干，就收拾东西走人。"听到领导这样的通牒，小乔也很生气，索性向领导交了辞职报告。

辞职之后，小乔找工作四处碰壁，这才发现现在的求职市场上，刚刚毕业的高学历的大学生很多，像她这样已经到了婚育年龄的女性很难找工作。为此，小乔懊悔不已：我为什么要冲动地辞职呢？我为什么不能忍一忍呢？

其实，小乔根本不知道问题出在哪里，而是懊悔自己不该辞职，她不知道的是，领导对她的表现早就忍无可忍，正愁找不到理由辞退她呢？小乔之所以失去工作，陷入这样被动的状态，就是因为她没有摆正自己的位置，更没有端正心态。所以，在看到后来者居上，新来的员工都已经得到晋升的情况下，她选择消极怠工，既没有勇气找到领导问清楚情况，也没有魄力当机立断辞掉工作，奔向更好的前程。最终，小乔临到辞职也没有和领导说明自己的意思，

由此可见，放纵的后果是非常严重的。

从古到今，很多成功者并非天赋过人，也不是因为有着特别好的运气，只是因为他们都能够坦然面对人生的逆境，也能够全力以赴度过人生的逆境。对于人生来说，不如意原本是常态，所以每个人在进步的道路上，都要端正态度、不忘初心、砥砺前行，即使遭遇挫折和磨难，也决不要轻易放弃，更不要为此而放纵自己肆意妄为。要知道，凡事皆有度，过度犹不及，只有坚持努力进取，也以正确的态度面对人生，才能演绎出优美的人生乐曲。否则，当有一根弦松了或者有一根弦过于紧了，是根本不可能演奏出优美乐章的。

第十三章 生命不息、奋斗不止，全世界都会为你的坚持让路

即使如今这个世界瞬息万变，每时每刻都处于发展和变化之中，但是作为生命的主宰和命运的驾驭者，我们只要足够坚持，在想好了一件事情之后就努力去做，决不放弃，最终我们就可以以勇敢和毅力打动全世界。生命不息、奋斗不止，这样才能证明自己存在的价值和意义。

坚持目标和方向，人生才有捷径

试想一下，在漫无边际的大海上，四周一片黑暗，船只在大海上开足马力向前航行，却没有方向，也没有定位用的罗盘和指南针，最终，船只将会到达哪里呢？可以说，它到达既定目的地的希望特别渺茫。这是因为大海上没有参照物，大海那么大，每一个角度都意味着一个新的目的地，所以要想在航程中保持方向，奔向目标，即使是经验丰富的船长，也必须要借助于罗盘和指南针，才能避免出现偏差。

人生何尝不像是置身于大海呢？人生是那么辽阔博大，充满了无限的可能性，如果不事先确定目标和方向，只是一味地去拼搏，最终一定会茫然不知所措，这也正是人们所说"不忘初心，方得始终"的原因。古今中外，无数成功者的经验告诉我们，一个人要想拥有充实精彩的人生，要想做出一些成就，未必需要有过人的天赋和与众不同的好运气，但是一定要坚持自己的目标。从另一个角度而言，一个人只有制订更高的目标，才能看得更远，也才能活得更加精彩；否则，只用不起眼的目标就把自己限制和禁锢住，人生很难大开大合、波澜壮阔。

作为正常人，在日常生活中，我们已经习惯了使用眼睛来观察周围的一切，也能够在看清楚周围情况的过程中保持正确的方向。如果你尝试着把眼睛遮挡住，你会发现保持正确的方向很难。如果你不曾有过目不能视的经历，不妨感受一下遮住双眼，那时你就会知道拥有视力是多么重要而且值得庆幸的事情。当然，眼睛的明亮是生活中必不可少的一方面，心灵的明亮也是至关重要的。想清楚自己想要怎样的人生，也确定自己必须多么努力才能初步达成目标，再坚持去做，这对于人生的发展至关重要。

遗憾的是，每当说起这样的道理，总是人人都懂，但是在现实中，却有很多人都在漫无目的地生活。记住，不是人生没有出路，而是因为你失去了目标和方向，所以才不知道自己应该选择哪条路。很多人因为始终沉浸在迷惘之中，所以常常感到沮丧，也因此失去了生活的信心。对于人生而言，这是非常糟糕的事情。这样的人生就像是荒漠，狂沙遍地，连绿洲的影子都找不到。

如果你现在感到非常迷惘，也觉得自己做出的很多努力都变成了无用功，一定不要继续自欺欺人，而是要当机立断确立人生目标，调整人生方向，从而坚定不移地朝着目标努力前进。很多朋友都看过《西游记》，都知道唐僧师徒在去西天取经的路上饱经磨难，之所以最终能够取得真经，就是因为他们有着明确的目标，也有着顽强的信念以及坚持不懈的决心和毅力，勇往直前的果决和坚持。由此可见，目标还可以让人耳清目明，想清楚更多的事情，也能够坚定不移去做好很多事情。

也有人说，人生就是兜兜转转，转出去，又折返回来。的确，有的时候人生就是这样的状态，就像遇到了"鬼打墙"一样怎么也走不出去。这就是面对人生没有目标导致的，要想打破这个魔咒，就一定要确定方向，从而寻找到突破点进行全力以赴的突围。你会发现，一旦走出怪圈，一切都将豁然开朗，充满了活力，也充满了源源不竭的动力！很多事情，既然要做，就要做到极致，否则就不如不做。

坚持认清自我，绝不好高骛远

在现实生活中，常常有人会突然间对自我感到陌生，也会因此而称呼自己为最熟悉的陌生人。的确，每个人在为人处事的时候难以避免会带有很强烈的主观色彩，所以也有人说自我是一个怪圈，把自己囚禁起来。作为年轻人，要想有更好的成长和长足的发展，就一定要坚持认清楚自己，既不要妄自菲薄，也不要好高骛远。

现代社会，有很多年轻人都好高骛远，他们对于自己没有客观公正的认识，自以为读了很多年的书，就觉得自己很了不起，为此在找工作的时候总是提出各种苛刻的要求，只想付出最少、得到最多，甚至在好不容易找到合适的工作之后，他们也眼高手低，一方面看不上自己所从事的工作，一方面又在工作过程中漏洞百出。最终，导致眼光与能力呈反比，也使得自己陷入尴尬困境中。

古人云，"人贵有自知之明"。对于每个人而言，最重要的就是认清楚自己。其实，幼儿在两三岁的时候，随着自我意识的萌芽，就开始探索生命、追寻自我，这也是人的本能之一。然而，随着不断地成长，太多人都迷失了自我，他们不知道自己的分量到底有多重，也不知道如何在与他人的关系之中找到合适的位置。实际上，古今中外，有很多哲学家都在思考人生，追寻自我。有一位大名鼎鼎的哲学家说过："一个人唯有坦诚地面对自己，才能看到最美丽的人生风景。"众所周知，在世界历史上，古希腊的文明非常灿烂，而其中最重要的就是对哲学的研究。迄今为止，在古希腊的神庙上，依然镌刻着先者留给世人的警示之语——认清你自己。这和中国老祖宗说的"人贵有自知之明"有异曲同工之妙。

为什么认清自己这么难呢？有一句诗给出了我们答案：不识庐山真面目，只缘身在此山中。原来，当人在庐山中欣赏着庐山某一处的美丽景色时，就因为眼光的局限而无法跳脱出来认识真正的庐山。要想一览众山小，就要攀登另一座高峰，才能把庐山的整体尽收眼底，也才能感受到庐山独特的魅力。

当然，这其中的道理人人都懂，却很少有人能够真正看清楚自己。孩子在小时候，因为缺乏自我认知能力，不知道如何评价自己，所以常常会把父母对自己的评价，作为自我评价。而随着不断成长，孩子越长越大，却渐渐地迷失了自我，总是过于在乎他人的看法和评价，也时常人云亦云，不能坚持自己的想法和主见，失去了自我的声音。不得不说，这对于孩子而言是非常糟糕的。每一个人都要知道，一个人无论如何改变，都不可能得到所有人的欢迎，既然如此，为何不坚定不移做好自己呢？至少真诚面对自己，也坦然面对人生。

不能准确认清自己会造成两种结果，一种结果是妄自菲薄，一种结果是妄自尊大。妄自菲薄当然要不得，因为妄自菲薄的人对于自己的评价太低，导致在做事情的时候不知不觉间就会犯错误，无法达到预期目标；妄自尊大的人则不同，他们总是把自己评估过高，常常会误解自己，也会因此而变得扬扬得意，失去成长的机会。由此可见，不管是妄自菲薄还是妄自尊大，都不是对待人生的好态度。唯有保持客观理性的态度对待自己，真正地接纳自己，以真实的面目去面对人生，一切才会按部就班地推进，也才会水到渠成地发展。

当然，并非所有人都是没有自知之明的，也有一些人有着自知之明，却不愿意"明"，所以就会出现"揣着明白装糊涂"的情况。尤其是在现代社会，很多年轻人都有着天生的优越感，总是把自己看得过高，而无形中就在贬低别人，这与这些年轻人的成长背景有关，例如，他们从小就是独生子女，习惯了衣食无忧的生活；他们总是得到父母无微不至的照顾，提出的所有愿望也在第一时间被满足，渐渐地，他们误以为自己是宇宙的中心，从不担心自己会遇到困难和阻碍；他们在读书求学的过程中过于一帆风顺，因而根本不知道"不如意"是人生的常态。这些原因都导致这些年轻人在成长过程中过于顺遂如意，自视甚高。年轻人，赶快从自我陶醉中醒过来吧！父母即使再爱孩子，也不可能陪伴孩子一辈子。归根结底，孩子要长大，要独立面对人生，也要对自己的人生负责。既然这样的日子早晚都要来，还不如来得早些，至少这样可以让每一个稚嫩的生命早早地成长起来，做好准备迎接人生的各种状况！

坚持独立自主，挺直人生的脊梁

在这个世界上，除了父母可以做到毫无保留地爱孩子，全心全意地为孩子付出，还有谁能如此？然而，父母就算再爱孩子，也不可能永远陪伴在孩子身边，保护和庇佑孩子。终有一天，父母老去，白发苍苍，弯腰驼背，他们再也没有办法为孩子遮风挡雨，反而需要孩子为他们撑起一片天空，在这种情况下，如果孩子担不起这样的责任，家庭就会失去顶梁柱。所以，明智的父母不会一直宠溺孩子，而要学会对孩子放手，引导孩子渐渐地走向独立，也让孩子拥有挺直的脊梁。唯有如此，孩子才能学会独立自主，才能真正撑起属于自己的人生，也承担起各种各样的责任。

一个人唯有爱自己，才能够始终坚持独立自主，因为他们知道真正的安全感是自己给自己的，而不是从别人那里乞求来的。与这样的人正好相反，现实生活中，也总有一些人胆小怯懦，在遇到事情的时候总是胆怯畏缩，不敢冲锋向前。与此同时，他们还不敢对自己的人生负责，而把自己的幸福快乐都完全寄托在他人身上。不得不说，这样的人将无法获得长久的快乐，也常常会在生命的旅程中迷失自己。从本质上而言，每个人都无法依赖其他任何人，包括父母和手足。在这个世界上，真正可以依赖的人只有自己。所以，要想成长，就一定要学会独立自主，也学会享受孤独。

人，孤独地来到这个世界上，也将孤独地离开这个世界，正所谓赤条条来、赤条条去。人无法带走任何有形的物质。在漫长的人生历程中，我们一定

要学会面对孤独、感受寂寞，而不要总是把别人作为救生圈，更不要总是奢望得到别人无私的帮助和付出。记住，"靠山山会倒，靠人人会跑"，只有自己才是一生中唯一的依靠，也才是人生历程中唯一的寄托。

人的本能就是趋利避害，这决定了有很多人都渴望在人生之中找到一个长期的依靠，这个依靠最好不会老去，始终都能为我们提供经济上、精神上和感情上的依托，并且在我们需要的时候就会马上出现，给我们最大的安全感。这样的依靠也许会有，却并不长远。例如，父母会老；曾经相爱的人海誓山盟，却有可能在转瞬间就把这些誓言全都抛之脑后。所以，我们既要寻求合拍的人生伴侣，也要拼尽全力提升自己的能力和水平，增强自己的实力，这样才能拼尽全力实现人生的梦想，也给自己一个最好的交代。

大学毕业后，彤彤就和大学时期的男朋友结婚了，她没有找工作，直接步入了全职家庭主妇的生活。这是因为彤彤的丈夫刘强家里条件特别好，有家族企业，也有很多房产、地产。为此，很多同学都美慕彤彤钓到金龟婿，最重要的是这个金龟婿还与彤彤两小无猜、感情深厚，这简直太让人美慕了。

然而，毕业五年后的一次聚会上，很多女孩都等着看彤彤作为富太太有什么改变，结果却大失所望。彤彤并不像大家所想的那样光鲜亮丽，而是像一个怨妇那样，对于现在的生活一点儿也不满意。因为进了门就是阔太太，所以彤彤没有为家里做出任何贡献，在家里根本没有说话的份儿。婆婆则不同，当初家里的产业都是婆婆和公公一起打拼下来的，所以婆婆在家里说话的分量很重，不但刘强对妈妈言听计从，就连公公都对婆婆毕恭毕敬。而彤彤，就像是全家人的管家一样，负责照顾家庭，听从婆婆调遣。婆婆稍有不如意，还会甩脸子给彤彤看。听说有几个女同学也已经结婚成家，但是不用和婆婆一起住，彤彤美慕极了。

转眼之间，十年过去，同学们再见彤彤时，彤彤因为丈夫背叛，正面临离婚的困境。毕业十年，大多数女同学都已经打拼出自己的一方天地，而形形完全与社会脱节，就连争取孩子的抚养权都很困难。闺蜜看着形形伤心欲绝的样子，对形形说："勇敢走出来，终有一天你不比我们任何人差，你还记得自己曾经是学霸、是宿舍里的一姐吧？"在大家的鼓励下，形形最终决定离婚，净身出户，用十年的时间，她得到了一个深刻的教训：人生要靠自己。刚开始，一切的确特别艰难，养尊处优惯了的形形几乎没有生存能力，只能去超市里当理货员。但是，随着一步一步再次融入社会，她最终成全了自己，也成就了自己。形形变成了不折不扣的职场女精英，活得风生水起，也赢得了一个更优秀的男士的爱。

看完这个事例，你想起了什么？有没有想起之前大热的电视剧《我的前半生》。在这部电视剧中，罗子君一直以来都养尊处优，面对丈夫的突然背叛，她简直无法活下去。幸好有好闺蜜的鼎力相助和全力支持，她才能渡过那段困顿的日子，最终以拼搏和努力，活出了独属于自己的精彩。艺术源于生活，高于生活，《我的前半生》之所以大热，就是因为现实生活中有太多这样活生生的例子。

作为女性，一定要坚持自尊自爱、自立自强，这样才能活出自己的精彩，也才能依靠自己，活出与众不同的人生。固然，家是每个人温馨的港湾，但是对女性而言，只有内心坚强的自己才是最大的依靠，所以哪怕爱情来袭，也不要因此而昏头昏脑，就把自己毫无保留地全盘贡献出去。当你把爱情看得太重，终有一天在爱情之中你会摔得很惨，明智的女性朋友会有所保留地去爱，也给予自己更大的回旋空间。

对于所有的年轻人而言，都不要轻易去依靠他人，否则一旦形成依赖性，人就会变成寄生虫。人这一辈子，说长也长，说短也短，只有按照自己的想法去活好一生，才是无怨无悔的，才能活出独属于自己的精彩人生！

坚持变通，所谓的执着才不是固执

常言道："凡事皆有度，过度犹不及。"这句话告诉我们，任何事情一旦超过限度，就会失去原本的意味，甚至事与愿违。为此，未雨绸缪固然值得提倡，但是一旦过度就会变成杞人忧天，所谓的稳重也会变成墨守成规；执着，固然是值得提倡的，但是一旦过度就会变成固执，所谓的不放弃也会变成了一根筋的坚持，反而带来很多麻烦。如果此时此刻的你一无所有，就不要总是紧紧地握住双手，因为你一旦握住双手，就什么也攥不住，进而失去整个世界。在这种情况下，不妨尝试着摊开手掌心，世界马上就会呈现在你的手中。

做人，一定要学会变通，不管情况如何改变，只有变通才是不变的，尤其是想要追求成功的人，更要保持与时俱进的态度，才能在不断尝试的过程中积累经验，也才能踩着失败的阶梯继续前行。真正睿智的人，在衡量一个人的时候，不会考察这个人有多少金钱财富和权势，也不会看这个人是否掌握了渊博的学识，而是看这个人在坚持之余是否懂得适时变通。整个社会都处于日新月异的发展和变化之中，改变几乎每时每刻都在发生，只有坚持变通，才能帮助我们适应这个千变万化的时代。否则，在时代潮流中，坚持就会成为墨守成规的代名词，就会成为不进取的理由。

记住，坚持不是死心眼儿。古人云，"只要功夫深，铁杵磨成针"，这样坚韧不拔的精神和顽强不屈的毅力的确值得我们去学习。但是放在如今的时代背景下去考察这句话的可行性，你认真思考之后就会发现，把铁杵磨成针简直是一件糊涂的事情，因为需要浪费极大的时间和精力，得不偿失。更深一步去考虑，那个打磨铁杵的老太婆已经白发苍苍垂垂老矣，她在有生之年还能达到自己的目标吗？从经济的角度来看，与其浪费那么多的时间精力去把铁杵打磨成绣花针，还不如做其他的事情，提高效率，也避免被称为是偏执狂、一根筋。当然，也不乏另外一种可能性存在，那就是老婆婆知道李白是在逃学，所以才故意这么说的，目的就是激发起李白的上进心，让李白能够拼尽全力好好学习。所以，我们在研究这个典故的时候，要取其精华、去其糟粕，而不要盲目套用或者照搬，否则就会导致望文生义，贻误自己。

　　记得曾经有位名人说过，在这个时代里，最大的冒险就是从不冒险，换句话说，最大的冒险也是不知变通。在瞬息万变的时代背景下，一成不变就是极大的落后。也有人说，学习没有捷径，只能通过勤奋。实际上，如果有捷径可以走，为何不去走呢？在走了捷径之后，我们就可以节省更多的时间和精力去做该做的事情，这样一来，才能提高做事情的效率，也才能让自己在最短的时间完成更多的事情，何乐而不为呢？

　　关于人生的得失，也同样要懂得变通。有的人从不懂得放手，只知道死死攥住手中已经有的东西，最终连本该得到的东西也失去了。这是莫大的悲哀，是不知变通带来的恶果。

　　　　最近这段时间，王玲有一种想法，那就是把结婚的时候在县城购买的房子置换到市区去。这是因为王玲和丈夫张坤都在远离县城、靠近市区的一个乡镇工作，房子在县城，他们只有周末才能回家；而把房子置换到市区去，不但回家更近了，而且还可以把孩子也转到市区的学校读书，对于孩子的成长有很大的好处。

　　　　然而，在王玲把这个想法和张坤说完之后，张坤当即表示强烈反对："不行，这是我们结婚的房子，不能卖掉。可以去市区买，但是不能卖掉现在的房子。"王玲和张坤都是普通的小学老师，如果不卖掉现在的房子，根本没有那么多钱再去市区买房子，就连最低的首付款都拿不出来。为此，王玲苦口婆心劝说张坤："我们是置换房子，又不是把房子卖掉、把钱花掉，这有什么好可惜的。"然而，王玲好说歹说，张坤就是不同意。后来，王玲又想出一个折中的办法，对张坤说："如果你不同意卖掉，要不咱们就用这套房子抵押贷款，这样可以从银行借出来首付。"不想，张坤还是一根筋："不行，这是结婚的房子，死也不能动。"就这样，因为张坤的固执，王玲置换房产的计划只好搁置。一年之后，王玲原本准备在市区购买的房子升值一百多万元，而他们在县城的房子只升值了二十万元。为此，王玲对张坤颇有埋怨，张坤却仍然坚持自己的想法："我不后悔，结婚的房子死也不能动。"

不得不说，作为一名小学老师，张坤的想法真是迂腐到家了。现代社会，因为房产的保值增值，很多人都在想办法置换更好的房子，或者到处筹钱再多买一套房子，但是张坤对结婚的房子情有独钟，死也不愿意卖房换房，更不愿意以房子抵押贷款去多买一套房子，结果导致原本可以挣到手的一百多万元打了水漂。

人，具有专一、执着的精神固然好，但一定不要过分执着，否则就会变成了死脑筋、顽固不化，也会因为不知变通而失去人生中很多好机会。长期在极度压抑的环境下生活，往往会使人从一个极端走向另一个极端。在现实生活中，我们一定要学会顺势而为，放弃一些东西，也许会得到更多；改变一种固有的想法，也许就会脑洞大开，得到更多好的创意和设想。最重要的是，要打破思维的铜墙铁壁，要真正改变不正确的思想和观念，这样才能更加灵活地改变自己，与时俱进地获得成长。

坚持诚信，赢得他人的信任和托付

一个人要想立足于世，最重要的就是要有诚信。所谓"人无信不立"，意思就是一个人如果没有诚信，根本不可能在这个世界上立足。由此也可以看出，诚信对于每个人而言有多么重要。作为年轻人，不管是在生活中，还是在职场上，都要更加注重诚信，才能赢得他人的信任与托付，也才能在与他们相处的过程中树立口碑，为将来做人做事奠定良好的基础。

正如《狼来了》的故事中所讲的那样，一个人如果失去诚信，就会导致不管说什么、做什么，都无法赢得他人的信任，由此可以得出，不管做什么事情，他们都会陷入困顿之中，都会变得非常被动。"人无信不立"说的就是个道理。在秦朝，商鞅为了立法，特意在城门处立木取信，宣告如果谁能把矗立在城门处的圆木运送到一个指定的地方，就可以得到重金奖励。一开始，围观的人们根本不相信商鞅所说的话，为此，商鞅加重奖励，才有一个人抱着试试看的心态去运送圆木。结果，商鞅果然当场派人拿出重金奖励这个人。商鞅立刻取得民众的信任，为未来推行变法奠定了基础。

越是立志做大事的人，越是应该有诚信。古往今来，有很多伟大的人物都非常讲究诚信，才能振臂一呼，应者云集。虽然作为年轻人，我们此刻还没有成就伟大的事业，但是一定要讲究诚信，将来做人做事才会更加顺利；如果总是不讲诚信，在做事情的过程中就会失去他人的尊重与信任，就会举步

维艰。

在纽约的自然博物馆里，展示着一块巨大的石头。很多人在看到这块石头的时候都会感到纳闷：自然博物馆寸土寸金，为何要摆出这样的一块巨石来给大家看呢？最重要的是，这块石头乍看上去并没有任何与众不同的地方。实际上，这块石头之中包裹着一块美丽的紫水晶，是非常珍贵和稀有的，在这块石头背后，还有一个动人的故事呢！

原来，这块石头此前一直摆放在主人的院子里，有一天，主人想要清理院落，为此找来工人准备把石头运走。没想到，工人在搬动石头的过程中，不小心把石头掉落在地上摔碎了一个缺口，这个时候，大家才发现这块看似笨重的石头，实际上是一块罕见的天然紫水晶。要知道，这么大块的紫水晶是非常珍稀的，但是主人看到紫水晶后不为所动，说："我原本已经决定不要这块石头了，如今它虽然露出了真面目，原来是一块紫水晶，我还是不准备改变主意。还是把它送到自然博物馆去，让大家都能在博物馆里看到这样的稀世珍宝吧！"就这样，主人把这块价值连城的紫水晶无偿捐赠给博物馆。

看完这个故事，很多人可能会觉得主人公很傻，原本是找工人把一块无用的石头扔掉，却无意间发现这块石头含有紫水晶，但是依然不准备留下这个价值连城的宝物，而是将其无偿捐赠给自然博物馆。实际上，这正是因为主人公拥有诚信的精神，也愿意遵守诚信的做人原则。按照常人的思路，一旦看到这块巨石价值连城，一定会立即改变主意将其留下。但是，很多话既然说出来，很多决定一旦做出，就相当于有了承诺，就要兑现自己的承诺。这是更高层次的诚信原则，也值得我们每一个人学习。

在中国古代，君主高高在上，贵为天子，所以也有君无戏言的说法。作为普通人，我们尽管没有至高无上的地位，也没有尊贵的身份，我们也应该信守诺言，讲究诚信，这样才能有好的人格和做人的品质。任何时候，都不要随随便便说话，不管是对别人做出承诺，还是对于自己做出一个决定，我们都应该看重诚信，即使在没有人监督的情况下，也要坚持内心的想法，对自己一诺千金。

遗憾的是，现实生活中，有很多人说话总是非常随意，也并不把诚信看得非常重要。为此，他们常常会在与人相处的过程中因为口出狂言或者轻易食言而失去他人的信任，导致做人做事常常因为失信于人而很难顺利推进。所以，每个人都要像爱惜自己的眼睛一样信守诺言，唯有如此，才能在他人心目中树立自己的威信。

保持淡定，人生才能从容不迫

现代社会，有太多的人心浮气躁，总是因为各种各样的原因就动怒。殊不知气大伤身、怒大伤肝，正如一位名人所说的，生气是用别人的错误惩罚自己。所以，在生活中，一定要控制好自己的脾气，不要随随便便就怒不可遏、歇斯底里，否则没把别人怎么样，先把自己气了个半死，更加得不偿失。

常言道，"人生不如意事十之八九"，这些不如意不但表现在很多事情不能如愿以偿上，也表现在很多人都不是我们所喜欢的上面。人生在世，总是要遇到不如意的事情、遇到不喜欢的人，不要因此而让自己动怒，而是要以强大的自制力控制好自己，这样才能让怒气烟消云散，也才能让人生有更好的发展和成就。

生气，从本质上而言，就是和自己过不去。那些惹我们生气的人，他们也许并不知道自己的所作所为惹得我们生气，我们自己却因此而郁郁寡欢、闷闷不乐，甚至大发雷霆，这不就是与自己过不去吗？如果真的因为别人的言行举止生气，至少要把这份怒气传递给他人，直截了当告诉他人你为何生气，这样一来，至少可以避免他人下一次再对你做出同样的事情，也算是有所收获。当然，从人际关系的角度而言，还是不要因为一点小小的事情就冲着他人发火，人非圣贤，孰能无过，别人很有可能并非故意想要伤害你，而只是因为不小心、不知情等各种原因，无意间惹怒了你。在这种情况下，我们要更加努力克制自己，也要开阔自己的心胸，不要因为小小的事情就生气，这样才能让自己远离愤怒，拥有健康的身心。

很久以前，有个叫辛迪巴的年轻人有一个奇怪的举动，就是每当生气的时候，就会围绕着自己的田地和房子跑三圈。辛迪巴很贫穷，他的房子是一间破旧的茅草屋，看起来摇摇欲坠，他的土地也少得可怜，所以他不得不从地主那里租种土地。在做出这样奇怪的举动——跑三圈之后，辛迪巴就没有那么生气了，而且会继续努力干活。

辛迪巴很勤劳，从来不吝惜力气。渐渐地，辛迪巴的日子越过越好。等到老了，辛迪巴已经拥有了整个村子里最宽敞且高大结实的房屋，也成为整个村子里拥有土地最多的人。全村的人都很羡慕辛迪巴，但是，辛迪巴依然坚持了曾经的奇怪习惯，那就是每当与人生气的时候，就绕着房子和土地走三圈。没错，不是跑，而是走，一则是因为辛迪巴老了，跑不动了，二则是因为辛迪巴的房子这么大、土地这么多，三圈下来，别说是老人，就算是年轻人也会累得气喘吁吁。所以，辛迪巴每次生气，都会绕着房子和土地走，大半天的时间才能走完。很多人都问辛迪巴原因，辛迪巴却笑而不语。

这一天，辛迪巴因为与人产生矛盾，很生气，所以又去绕着房子和土地走。年幼的孙子一直陪伴在辛迪巴身边，等到辛迪巴走完三圈气喘吁吁地坐在田埂上休息时，孙子问辛迪巴："爷爷，你为何总是要绕着房子和土地走三圈呢？"辛迪巴抚摸着孙子的头，笑眯眯地说："别人问我这个问题，我从来不告诉他们。爷爷老了，现在就告诉你答案，好不好？"孙子点点头，辛迪巴继续说："年轻的时候，爷爷很穷，房子又小又破，土地更是少得可怜。每次与人争论生气，我就绕着房子和土地跑三圈，一边跑一边告诉自己'你这么穷，有什么资格与人斗气！'。这么想着，我就努力地工作，想要改变生活。后来，爷爷的房子越来越大，土地越来越多，每次与人生气，我就告诉自己'你已经拥有这么多了，还有什么必要与人争长论短找气生呢'。这样想来，我就能心平气和，过好自己的生活。"孙子恍然大悟："爷爷，原来你是用这种办法消气啊！"辛迪巴笑起来："不仅仅是消气，也是让自己不生气！"

事例中，辛迪巴找到了合适的方法帮助自己消除愤怒，而且效果很好，所以他才始终坚持这么去做。其实，如果能够在愤怒真正发生之前，就劝慰自己，让自己的心更加安然，这才是更重要的。否则气大伤身，当遇到小小的不如意就很生气，再去当救火员为自己消除情绪的怒火，这是亡羊补牢，而不是未雨绸缪。

没有哪个人能够真正做到完全不生气，要想让人生云淡风轻，我们就要在面对自己和他人的时候始终怀着一颗宽容的心，也时常劝说自己不要总是生气。任何时候，愤怒都不能解决问题，反而会使人的智商急速降低，让事情变得更加糟糕。既然无论做出怎样的情绪反应都不能避免事情的发生，还不如调整好心态、控制好情绪，让愤怒消散于无形，这样才能有效地解决问题。

做人，一定要心胸开阔，所谓"进一步万丈深渊，退一步海阔天空"，就是告诉我们不管是做人做事，还是与人相处，都要拥有开阔的心胸，才能够在与人发生矛盾的时候理性解决问题，避免争执，也有效地维护好人际关系。此外，从自身的角度来说，拥有淡然的心态对身体健康和心理健康都是很有好处的。气大伤身，只有始终保持淡然的心态，才能做到大事化小、小事化了，也才能合理圆满地解决难题。

宽容他人，不逞口舌之勇

随着社会的发展、时代的进步，更多的人感受到生存的巨大压力，也因为激烈的竞争而变得锱铢必较。实际上，不管是在生活中还是在职场上，不管是面对熟悉的人还是陌生的人，我们都要尽量做到宽容，才能拥有开阔的心胸，也才能让自己在面对很多事情的时候，有更加从容的表现。

因为心胸狭隘，很多人在与人沟通的时候，总是说出一些让人无法接受的苛刻言语，这样一来，非但无法解决问题，还会因为语言表达不到位而产生误解，也有可能因为口无遮拦而伤害他人，导致与他人之间爆发出激烈的争吵，从而产生矛盾，使得事情难以收场。不得不说，这样的情况就会使人陷入被动状态，也会使得原本的好事情变成坏事情。

中国文化有着悠久的历史，源远流长，语言含义丰富且富于变化。同样的词语放在一起，通过不同的组合方式，会变换出不同的意思。同样的一句话，以不同的语气表达出来，就会给人截然不同的感受。因而，要想做到宽容待人，首先要做到口头上的宽容，不要盲目地逞口舌之勇，也不要总是对人过于苛刻，否则就会导致与他人产生矛盾与争吵，关系急速恶化。民间有句俗话，叫作"会说的人说得人笑，不会说的人说得人跳"。由此可见，说话实在是一门博大精神的学问，把话说好更是每个人都要重视的一门艺术。任何时候，都不要随随便便地说话，所谓言多必失、祸从口出，这也教会我们必须言

语宽和，才能拥有良好的人际关系。

作为一名保险推销员，小华的销售业绩始终不上不下，虽然能够勉强混个温饱，但是始终都没有出色的表现。小华很勤奋，在业务能力方面也很过硬，但是他就是不会说话，这让他在向客户推销保险的时候，常常因为语言上的失误而失去客户的好感，导致他很被动。

有一次，小华向一位中年女性推销保险，主要是关于孩子的保险。为此，客户详细问了万一出险的话，理赔程序如何、进度如何推进等问题。小华被客户问得烦了，直接来一句："看您问得这么详细，买保险似乎是有备而来的。"客户非常生气，对着小华一顿怒怼："我们买保险肯定无法有备而来，倒是你们卖保险的，很有便利条件有备而来。你不妨告诉我，你一年之中有备而来卖保险几次？"这样的局面一旦出现，保险自然无法顺利销售出去。

作为一名保险销售员，其实最需要对客户耐心解释的就是万一出险如何理赔，而且为了避免客户忌讳，还不能把客户作为举例子的对象，而是要采取委婉的方式向客户解释清楚万一出险，如何理赔。结果，小华非但没有做好这一点，反而还因为不耐心，对客户说出挖苦讽刺的话，客户没有揍他就算是给他面子了。

从思维的角度来说，话说得太快，大脑就会来不及思考，无形之中就会闯祸，导致事情变得不可收场。所以老话说，"逢人只说三分话，不可全抛一片心"，这其实是为了告诫我们要学会自我保护，不要因为说话不假思索而暴露自己的真正心思，导致在别人面前变成透明人，反而被别人占据先机，通过洞察我们的心思，对我们做出不利的事情。在说话之前，一定要先学会倾听，认真思考别人说话是想表达什么意思，这样才能了解别人的心思，也才能更好地与别人沟通与互动。

通常情况下，人与人之间的交往需要建立在沟通的基础上，而大多数误解的产生都是因为没有相互理解、相互宽容。尤其在如今的职场上，人际关系非常复杂，交往形势也很严峻，因而更要谨言慎行，才能处理好与同事之间的关系，在合作方面更加和谐顺畅。作为年轻人，在说话之前一定要三思，不要不假思索、脑洞大开，否则就会导致事情变得很糟糕，也会让自己面临尴尬局面，无法收场。